KB005165

이성을 잃지 않고 아이를 대하는

마음챙김 육아

RAISING GOOD HUMANS: A Mindful Guide to Breaking the Cycle of Reactive
Parenting and Raising Kind, Confident Kids

Copyright © 2019 by Hunter Clarke-Fields

Korean translation rights arranged with New Harbinger Publications, Inc., U.S.A
through Danny Hong Agency, Korea
All rights reserved

이 책의 한국어판 저작권은 대니홍에이전시를 통한 저작권사와의 독점 계약으로 서사원주식회사에 있습니다.
저작권법에 의해 한국 내에서 보호를 받는 저작물이므로 무단전재와 복제를 금합니다.

이성을 잃지 않고 아이를 대하는

마음챙김 육아

헌터 클라크 필즈 지음

김경애 옮김

RAISING
GOOD

부모의 감정과 내면을 돌보는 감정회복 육아 심리학

HUMANS

서사원

부모가 되고 얼마 지나지 않았을 무렵 나는 정말 엉망이었다. 나는 지쳐 있었고 불안했으며 몹시 혼란스러웠다. 물론 딸들과 행복한 순간도 있었지만 이성을 잃고 흥분한 적도 정말 많았다. 주변에는 '애착형 부모'나 '타이거 맘tiger mom'도 있었는데 나는 분명 '예측 불가능'에다 '도움이 안 되는' 부모였다. 맙소사!

나는 헌터 클라크 필즈가 이 책의 초반에 묘사한 내용과 별반 다르지 않은 여정을 보내는 중이었다. 당시 나는 육아에 관해 최대한 많은 조언을 받아들였다. 책을 읽거나 화상 세미나, 온라인 모임에 참석했고 정교한 이벤트 기획자도 저리 가라 할 만큼 대단한 육아 계획을 작성했다. 변화를 원했기 때문이다.

하지만 아무것도 달라지지 않았다.

그때는 깨닫지 못했지만 내게 필요한 것은 더 많은 정보가 아니었다. 오히려 그 다양한 정보가 제공하는 관점을 바탕으로 한 통찰력과 전략이 필요했다. 나는 왜 내가 이성을 잃는지, 어떻게

해야 침착성을 유지하고 내가 얻은 육아 조언을 실제로 적용할
수 있는지 이해해야만 했다.

결국 나는 마음챙김 교실에서 해답을 찾았다.

부디 오해하지 말길 바란다. 나도 처음에는 매우 회의적이었
다. 마음챙김은 일시적으로 유행하는 현상이며, 대학 시절 내가
노골적으로 조롱하던 드럼 동아리만큼이나 내가 겪고 있던 육아
문제와는 관련이 없을 거라고 생각했다. 그토록 회의적이었지만
나는 변화와 치유를 갈망하고 있었고, 힘든 육아의 순간에 평정
심을 유지하는 데 도움이 될 무언가를 절실히 원했다. 나는 마음
챙김 교실에 가 보기로 했다.

그 후 몇 년에 걸쳐 깨달은 점이 있다. 마음챙김 수련은 마음을
비우는 일과는 아무런 관련이 없다는 사실이었다.

마음챙김은 인지, 즉 어떤 순간에 나의 내면과 주변에서 무슨
일이 일어나고 있는지 알아채는 과정에 대한 수련이었다. 나는
내가 발견한 내용을 판단하거나 그것에 놀라는 대신 내가 알아차
린 상황에 호기심을 갖는 법을 익혔다. 그리고 가장 중요하게도
정말 힘든 육아의 순간에 나 자신에게 공감하는 법을 배웠다. 아
무리 우리가 마음챙김의 자세를 수련해도 힘든 육아의 순간은 반
드시 또 찾아오기 때문이다.

마음챙김 수련은 내 육아 경험을 180도 뒤집어 놓았다. 더 자
주 명상할수록 반응성은 줄어들었다. 아이를 대하면서 이성을 잃

을지도 모른다는 사실을 더 자주 인지할수록 실제로 이성을 잃고 흥분하는 빈도는 줄었다. 실수를 하고는 나 자신을 비난하는 대신 누구에게나 육아는 힘든 일이며 실수하더라도 괜찮다는 사실을 되새겼다. 나는 언제든 힘을 내 다시 시작할 수 있게 되었다.

평정심을 유지하는 법을 배우고 나자 내게 완전히 새로운 문제가 있다는 사실을 깨달았다. 나는 아이에게 소리를 지르는 대신 무슨 말을 해야 할지 전혀 몰랐다. 여전히 나는 아이가 울음이나 싸움, 언쟁을 멈추길 원하고 있었지만 아이를 진정시키기 위해 소리를 질러서는 안 된다는 사실을 이해하고 나자 다른 할 말을 찾을 수 없었다. 다시 한번 나는 말 그대로 새로운 언어를 배우기 위해 육아 조언을 찾아 나서야 했다.

헌터가 《이성을 잃지 않고 아이를 대하는 마음챙김 육아》를 10년 전에 출간했더라면 얼마나 좋았을까?

어쨌든 당시에는 헌터도 딸들을 키우느라 바빴고 나와 비슷하면서도 다른 육아의 길을 걷고 있었던 까닭에 이 책은 아직 세상에 모습을 드러낼 수 없었다. 헌터도 기쁨과 고난이 한데 어울린 (지금도 끝나지 않은) 육아를 경험한 덕분에 이 훌륭한 책이 나올 수 있었을 것이다.

헌터가 누구이며 그녀의 신념이 무엇인지는 이 책에서 내가 가장 좋아하는 문장에 압축되어 있다. 바로 "인간적으로 크게 성장하고 싶은가? 그렇다면 산꼭대기에서 홀로 몇 년을 지내는 것보

다 미취학 아동을 6개월간 돌보는 편이 훨씬 효과적일 것이다."라
는 문장이다.

분명한 사실은 헌터가 부모들과 함께하는 자신의 일에 매우 진
지하게 임한다는 점이다. 수련, 온라인 교육, 상담, 그리고 이 책
을 쓰면서까지 헌터는 부모들에게 개인적인 성장을 위해 노력하
도록 적극적으로 격려한다. 스스로를 돌보는 일은 선택할 수 있
는 문제가 아니며 오히려 '부모의 책임'이기도 하다는 점을 강조
하면서 말이다. 그녀는 독자들에게 명상을 실천하고, 불편한 감
정을 다루며, 아이에게 소리를 지르는 행동부터 체벌을 가하는
행동에 이르기까지 부모의 다양한 선택이 아이의 행동에 미치는
영향력을 진지하게 고려하라고 강조한다.

그녀는 모호하거나 일반적인 조언만 하지 않는다. 이 책에는
독자들이 자신만의 결론과 시각을 가지도록 만드는 질문과 함께
부정적 사고를 떨쳐 버리도록 돕는 마음챙김 명상, 사랑과 친절
명상과 같이 충분히 입증된 실천법이 가득하다. 또한 우리의 경
험을 긍정하는 힘과 사려 깊게 듣기의 구체적인 실천법도 제시되
어 있다. 다행스럽게도 이 모든 내용은 우리 모두에게 꼭 필요하
다(내게는 분명 간절한 내용이었다!).

그러나 어쩔 줄 몰라서 쩔쩔 매는 부모들에게 중대한 행동 요
청만 절실하게 필요한 게 아니다. 헌터는 감사하게도 경쾌한 어
조와 공감 어린 표현으로 부모가 항상 진지하고 힘들게 육아에

임해야 하는 것은 아니라고 말한다. 또한 육아를 편안한 마음으로 받아들이고 가능할 때마다 언제든 그 순간을 즐길 수 있어야 한다는 사실을 일깨워 준다.

이 책에는 내가 여러분과 나누고 싶은 통찰력과 제안, 가능성이 너무도 많은 까닭에 그 내용을 일일이 거론한다면 책을 처음부터 끝까지 복습해야 할지도 모른다. 나는 여러분이 '들어가며'에서 저자가 던진 (게임을 완전히 뒤엎을 변수가 될) 강력한 질문을 진지하게 생각해 보길 바란다.

아이가 어떤 사람이 되길 원하는가? 그 해답을 여러분은 자신의 삶에서 실천하고 있는가?

두 번째 질문에 분명하고 단호하게 "예!"라고 답할 수 있다면 부디 스트레스 받지 않길 바란다. 여러분은 잘하고 있다. 여러분이 떼쟁이 아이와 씨름을 하든 산꼭대기에서 혼자 시간을 보내든, 헌터는 여러분에게 필요한 지도를 보여 줄 것이다.

— 카를라 나움부르크Carla Naumburg 박사
《아이를 키우면서 이성을 잃지 않는 법
How to Stop Losing Your Sh*t with Your Kids》의 저자

들어가며

"우리는 부모가 되고 나면
흔히 자신이 아이의 선생님이라고 생각한다.
하지만 우리는 곧 아이 역시 우리의 선생님이라는 사실을 깨닫게 된다."
— 대니얼 J. 시겔, 메리 하트겔Daniel J. Siegel, Mary Hartzel

엄마로서 내게 가장 큰 깨달음은 실패의 순간에 찾아 왔다. 내 엄청난 실패담을 부디 들어 주길 바란다.

나는 2층 복도에 앉아 울고 있었다. 흐느끼는 정도가 아니라 눈물 콧물을 다 쏟으며 울부짖는 중이었다. 권투 시합에라도 출전한 선수처럼 얼굴은 빨개지고 퉁퉁 부었다. 하지만 무엇보다도 나는 가슴을 두들겨 맞은 것처럼 마음이 아팠다. 다른 방에서는 격분한 엄마의 모습을 보고 겁에 질려 버린 두 살짜리 딸이 울고 있었다. 딸의 울음소리가 가슴을 파고들자 다시 울음이 솟구쳤고 눈물범벅인 채로 흐느꼈다. 그리고 두 손에 얼굴을 묻고 마룻바닥에 쓰러져 울었다.

'육아가 이런 거라고 왜 아무도 말해 주지 않았을까? 육아는 사랑스러운 아이를 따뜻한 눈길로 바라보는 아름다운 순간들로만 가득할 줄 알았어. 대체 뭐가 잘못된 걸까?'

나는 비참했다. 하지만 시간이 조금 흐르고 나자 육아가 **힘든 일**이라는 사실을 인정할 수 있었다. 천천히 몸을 일으키고 나서 어린아이에 불과한 순진무구한 딸을 얼마나 겁에 질리게 만들었는지 깨달았다. 내 행동은 우리의 관계에 엄청난 흠집을 냈고, 나는 이 모든 상황이 딸의 잘못이라고 아이를 원망할 수도 있었다. 하지만 나는 평정심을 되찾고 처음부터 다시 시작할 수 있다고 마음을 가다듬었다.

부어오른 얼굴과 눈물을 옷소매로 닦았다. 온몸의 힘이 다 빠졌고 떨리기 시작했다. 심호흡을 하고 나서 일어나 딸을 위로하기 위해 방문을 열었다.

그날 2층 복도에서 나의 여정은 시작되었다. 이 일이 내게 유일한 각성의 순간이었다면 이야기를 풀어내기가 훨씬 쉬웠을지 모른다. 그 일이 있고 난 다음에 내가 마음을 가다듬고 다시는 딸에게 소리 지르지 않았으며 행복한 부모가 되었다고 이야기할 수 있었더라면 좋았을 것이다. 하지만 이후로도 이성을 잃었던 순간은 셀 수 없이 많았고, 완전히 망했다고 생각한 적도 부지기수였다.

당시에는 절대 믿기 힘들었겠지만 지금 10대가 된 딸들과 나는 그 어느 때보다 더 가깝게 지낸다. 지치는 순간은 분명 많지만 딸들에게 소리를 지르는 일은 거의 없다. 위협이나 체벌 없이도 딸들은 대체로(98퍼센트 정도) 내게 협조하는 편이다.

어떻게 이런 일이 가능했을까? 마음챙김, 공감 어린 의사소통, 갈등 해결을 통한 실용적인 전략에 전념한 덕분이다. 그리고 바로 그 전략을 이 책에서 설명할 예정이다. 우리는 스트레스에 시달리는 부모에서 벗어나 친절하고 자신감 있으며 현실을 바탕으로 한 침착하고 요령 있는 부모가 되는 방법을 배우게 될 것이다. 이 책에서 다루는 다양한 도구는 수많은 부모가 원했던 아이와 따뜻하고 협력적인 관계를 이루는 과정에 도움을 주었다.

끊임없는 좌절만이 가득하던 날들을 보내면서 나는 스스로와 딸들을 이해하기 위해 엄청난 모험을 떠났다. 내 습관을 바꾸기 위해 책을 읽고 다양한 실천법을 실험했으며 수련을 했고 자격증을 따기도 했다. 또한 마음챙김 공부에 수년간 매진했으며 마음챙김을 일상의 일부로 끌어 들였다. 이성을 잃지 않는 방법은 물론이고 딸들과 더 끈끈한 관계를 만드는 법을 연구했다. 이제 딸들은 엄마의 위협 때문이 아니라 스스로 원하기 때문에 내게 협력한다. 이 책을 통해 나는 여러분이 지름길을 택할 수 있길 바란다. 여러분이 연구와 훈련, 시도, 실수가 가득했던 날들을 건너뛸 수 있도록 내가 가장 중요하다고 깨달은 여덟 가지 핵심 육아 기술을 제시하겠다.

01

육아의 현실

첫째 딸 매기가 태어나기 전 나는 육아에 관한 다양한 의견을 가지고 있었다. 내 아이는 부모가 원하는 대로 성실히 따를 것이며 절대 반항하지 않으리라고 기대했었다. 나는 사랑이 넘치면서도 원칙이 확고한 엄마이면서 아이와 원만한 관계를 유지할 수 있으리라 확신했다. 아이와 내가 평화롭게 미술관을 거니는 장면을 꿈꿨다(이 터무니없는 상상을 맘껏 비웃어도 좋다).

그러나 현실 육아는 달라도 너무 달랐다. 딸은 내 말을 듣지 않을 뿐 아니라 내가 하는 모든 말에 사사건건 적극적으로 반항했다. 우리는 매일 부딪혔다. 차분한 성격을 타고난 남편과 나는 딸을 작은 시한폭탄으로 보기 시작했다. 사소한 일도 아이의 폭발하는 듯한 신경을 자극했고, 일단 폭발이 시작되면 아이는 몇 시간 동안이나 계속 소리를 질러 댔다. 온종일 딸과 함께 시간을 보낼 때마다 나는 불안했고 지쳤다. '딸에게 무슨 문제가 있는 걸까? 왜일까?'라고 걱정했다. 그리고 머지않아 나도 아이에게 짜증을 부리기 시작했다. 맙소사!

지금은 그 시절 사진 속의 딸이 얼마나 귀여웠는지 놀라면서도 얼마나 힘들었는지에 대한 기억이 새삼 떠오르기도 한다. 아이와 나는 멋진 순간과 삶의 환희를 함께했지만 아이는 내가 깨닫지도 못했던 나의 또 다른 부분을 자극했다. 그 당시에 나는 내가 아버지의 급한 성미를 그대로 따라 하고 있다는 사실을 인지하지 못했다. 세대에 걸쳐 어떤 패턴이 반복되고 있던 것이다.

혹시 여러분이 화를 잘 내고 지쳐 있으며 환멸과 죄책감을 느낄 뿐 아니라 소리치고 발을 구르며 우는가? 여러분만 그런 게 아니다. 내 말을 믿어도 좋다. 아이가 어렸을 때 나도 화를 잘 내고 항상 지쳐 있었으며 분노하는 나 자신을 부끄러워하고 죄책감을 느꼈다.

복도 바닥에 앉아 울던 날, 내게는 두 가지 선택지가 있었다. 스스로를 부끄러워하고 자책하며 절망에 빠지거나 아니면 일어난 일을 받아들이고 이 경험을 통해 배우는 것. 그래서 나는 분노를 수용하고, 반면교사로 삼겠다고 마음을 먹었다. 무엇이 내 분노를 자극했는지 곰곰이 생각했다. 나는 더 침착해야 했고, 반응성을 줄여야 했으며, 상황을 악화시키는 비난의 표현을 피하고, 딸에게 더 능숙한 언어로 반응해야 했다.

이쯤에서 좋은 소식을 전하겠다. 내가 마침내 반복적인 실패의 사슬을 끊어 버리고 아이와 견고하고 사랑 넘치며 끈끈한 관계를 맺을 수 있게 된 것처럼 **여러분도 충분히 변할 수 있다는** 소식 말이다.

02

완벽 패러다임의 변화

부모가 되면 우리는 무엇이든 어떻게 해야 할지 알아야 된다고 생각한다. 나도 몸에 건강한 점심 도시락을 식은 죽 먹기처럼 쌀 수 있고, 깔끔하게 정돈된 집을 유지하며, 모두가 계획대로 움직이고, 모든 것이 완벽해 보여야 한다고 믿었다. '완벽한 부모'는 사랑이 넘치며 인내심이 있고 친절함이 가득하므로 아이와 완벽한 관계를 유지하는 일이 매우 당연하다고 생각했다.

그러나 현실에서 우리는 때때로 아이의 모습을 마음에 안 들어하고, 조급해져서 소리를 지르고, 야비하게 행동한다. 대부분은 이런 실수를 수치스럽다거나 견디기 힘들다고 받아들인다. 이런 패턴에 빠질 수도 있지만 오히려 새로운 배움의 계기로 삼는다면 변화를 이끌어 낼 수도 있다. 나는 여러분이 후자를 선택하길 진심으로 바란다.

● 모든 순간에 모범이 되기

내 아이가 어떤 사람이 되길 원할까? 나는 내 딸들이 행복할 뿐 아니라 안정감과 자신감을 느끼며 살아가길 바란다. 다른 사람들과 좋은 관계를 유지했으면 한다. 그리고 무엇보다도 딸들이 스스로를 받아들이고 편안하게 느끼길 바란다.

여러분은 아이가 어떤 사람이 되길 원하는가? 그 질문에 답하고 난 다음에는 더 큰 질문이 뒤따른다. **아이에게 바라는 바를 부모로서 스스로 실천하고 있는가?**

여러분은 아마도 아이가 부모의 말을 실천하는 일은 힘들어하지만 부모가 하는 행동을 따라 하는 일에는 능하다는 사실을 이미 깨달았을지 모른다. 우리는 아이가 아주 어릴 때부터 부모가 아이를 대하는 방식과 동일하게 다른 사람을 대하라고 가르친다. 부모가 매 순간 아이에게 반응하는 방식은 아이가 평생 따를 패턴을 형성한다. 그러므로 아이가 행동하길 원하는 방식으로 행동해야 할 책임은 부모에게 있다.

가족의 삶이 어떤 모습이길 원하는가? 어떻게 <u>느끼고</u> 싶은가? 아마도 가족 내에서 안정을 느끼고 싶을 것이다. 아니면 자극을 덜 받는다거나 스스로의 선택에 더 확신을 하고 싶은 사람도 있을 테다. 혹은 가족 구성원들이 더 협조하는 삶을 원할 수도 있다. 나는 여러분이 다음 실천 과제에서 제시된 질문의 답을 찾아보길 바란다(이 책에 등장하는 첫 번째 쓰기 과제다. 나는 여러분이 다이어리 한 권을 꼭 마련해 쓰기 과제를 한곳에 모으길 바란다).

책을 읽다가 실천 과제에 참여하라는 지시가 나오면 어떤 기분인지 나도 잘 알고 있다. 아마도 과제는 나중에 다시 하기로 생각하고는 계속 책을 읽을 것이다. 하지만 의미 있는 변화를 얻고 싶다면 반드시 이 책에 제시된 실천 과제를 해야 한다. 현재의 육아를 바꾸고 싶다는 사실에 모두 동의하는가? 그렇다면 이 책의 실천 과제를 더 보람 있는 육아법으로 뛰어들기 전에 실행하는 연습이라고 생각하자. 다음의 실천 과제는 연습의 첫걸음이라고 할 수 있다. 우리는 할 수 있다! 이제 다이어리 작성을 시작하자.

실 천 과 제

여러분은 육아와 어떤 관계를 맺고 있는가?

어떤 가정을 원하는지 그리고 무엇이 변해야 그 목표를 이룰 수 있는지 제대로 이해하는 일은 매우 중요하다. 잠시 시간을 내어 다음의 질문에 대한 답을 곰곰이 생각해 보길 바란다. 다이어리에 날짜를 기록하고 각 질문에 대한 답을 원하는 만큼 작성하자. 답변은 현재의 감정과 행동뿐 아니라 미래의 모습을 보여 준다.

· 지금 육아가 어떻게 느껴지는가?
· 힘든 부분은 무엇인가?
· 대신 어떤 기분을 느끼고 싶은가?
· 여러분의 행동 중 바꾸고 싶은 부분은 무엇인가?

● 자각하는 삶의 모범 보이기

이 책은 여러분이 아이와 상호작용을 할 때 더 침착하고 사려 깊게 행동할 수 있도록 도움을 줄 것이다. 아이가 부모에게 협력하도록 유도하는 더 능숙한 의사소통법도 배울 것이다. 또한 부모 자신을 자극하는 요소를 다루어, 아이가 스스로 자신의 강렬한 감정을 어떻게 돌봐야 하는지 모범을 보일 수 있을 것이다. 아이가 배웠으면 하고 바라는 삶을 살아가는 법을 발견하게 될지도 모른다.

아이에게 조용히 하라고 소리를 지르는 부모를 본 적이 있을 것이다(혹은 여러분이 아이에게 조용히 하라고 소리를 지르는 부모였을지 모른다). 아이들은 이런 위선을 꿰뚫어 본다. 아이가 다른 사람에게 친절하고 존중하는 태도를 보이길 원한다면 부모는 반드시 친절과 존중을 보여 줘야 한다. 아이가 다른 사람의 니즈를 인지하길 원한다면 부모가 아이의 니즈를 진심으로 인지한다는 사실을 보여 줘야 한다. 아이가 예의 바른 사람이 되길 원한다면 부모가 아이를 대할 때 정중한 언어로 말해야 한다. 다른 사람이 우리를 대하길 원하는 방식으로 아이를 대해야 한다. **아이에게 바라는 행동 방식 그대로 스스로 행동해야 한다.** 말로 표현하긴 쉽지만 실천은 전혀 쉽지 않다.

● 관계 단절의 습관

안타깝게도 우리는 문화적으로 스스로는 실제로 하지 않는 행동을 아이에게 바라면서 살아간다. 부모는 아이가 공손하기를 기대하면서도 늘 아이에게 명령을 늘어 놓는다. 부모는 항상 아이에게 무언가를 요구하지만 반대로 아이가 무언가를 요구하면 깜짝 놀란다. 부모는 늘 아이에게 소리를 지르고, 위협하고, 벌을 주며, 힘과 강압적인 태도를 도구로 사용한다.

그런 까닭에 부모와 아이의 관계가 단절되는 현상은 너무도 당연하다. 아이는 부모에게 저항감을 품는다. 청소년기가 되면 부모의 이런 행동 방식에 넌더리가 난 아이는 반항을 시작한다. 아이에게 부모의 영향력이 가장 필요한 10대가 되면 부모는 오히려 영향력을 잃게 되는 것이다. 부모와 아이의 관계는 회복할 수 없을 만큼 손상되어 아이가 성인이 될 때까지 부정적인 관계가 지속된다.

그래서 나는 여러분에게 더 나은 옵션을 제공하려 한다. 바로 아이가 배웠으면 하는 친절하고 존중하는 의사소통법을 부모가 보여 주는 옵션 말이다. 아이를 대하면서 즉각적인 반응성을 줄이고, 조금 더 사려 깊은 태도를 취해 보자. 부모 자신의 니즈를 충족하고, 경계를 세우며 비난하거나 수치심을 유발하거나 위협하지 않으면서 부모의 의사를 전달하는 방법이다. 즉, 부모 스스로가 아이에게 기대하는 좋은 사람으로서 행동하는 것이다.

● 낡은 행동 방식 바꾸기

이제부터 우리는 가족 내에서 세대에 걸쳐 전해 내려 왔을 법한 해로운 행동 패턴에 관해 이야기할 것이다. 일단 낡은 패턴에 눈을 뜨고 난 이후에 그런 행동 방식에 깔려 있는 동기와 거기서 배울 만한 점을 찾아보자.

아이에게 소리 지르는 문제를 몇 년째 고민하던 시기에 나는 아버지와 이야기를 나눴다. 아버지는 당신이 자란 환경에 대해 말했다. 조부모님은 허리띠로 아버지를 때렸다고 한다. 오늘날이라면 트라우마를 유발하는 학대로 불릴 만한 조부모님의 행동은 아버지가 자랄 당시에는 일반적인 육아법이었다. 그런 이유에서인지 아버지도 나를 체벌했다.

나는 이 상황을 바꿔야만 했다. 그래서 내 아이들에게 체벌을 가하지 않을 뿐 아니라 소리조차 지르지 않으려고 애썼다. 다음 세대로 넘어가면서 부정적인 육아 패턴이 개선되고 있었지만 나는 '소리지르지 않는 것'만으로는 충분하지 않다고 생각했다. 아이들과 협조, 존중을 기반으로 한 관계를 형성하고 싶었고, 결국은 그렇게 되었다. 엄격함이나 분노, 단절로 이루어진 기존의 육아 패턴이 내 세대를 거치면서 완전히 달라진 것이다.

● 위협은 이제 그만

이 책에서는 위협이나 체벌을 권하지 않는다. 충분한 근거가 있다. 부모가 아이를 위협하면 아이는 다른 사람을 위협하는 법을 배운다. 또한 위협은 육아 기술 중에서도 능숙한 의사소통보다 훨씬 덜 효과적인 방법이기도 하다.

여러분은 위협 대신 모두의 행복을 도모할, 연구를 바탕으로 한 수단을 배우게 될 것이다. 아이와 끈끈한 관계를 유지하면 여러분의 영향력이 커진다. 이는 마법이 아니며 까다로운 작업이지만 그 혜택은 평생 지속될 것이다. 나는 내가 개발하고 가르치는 〈마음챙김 육아Mindful Parenting〉 교실의 학생들을 보면서 그 성과를 확인하고 또 확인했다. 여러분도 다음 세대를 위해 해로운 육아 패턴을 바꿀 수 있다.

큰딸이 어렸을 때 아이와 나는 거의 매일 싸웠다. 나는 아이의 힘든 감정을 잘 다루지 못했고 내 의사소통 방식은 문제를 더 악화시켰다. 하지만 나는 이 책에서 여러분에게 전할 예정인 방법들을 통해 상황을 반전시킬 수 있었다. 이제 딸과 나는 좌절감을 덜 느끼면서 갈등을 극복할 수 있을 뿐 아니라 더 빨리 갈등에서 회복한다. 남편과 나는 딸들과 훨씬 더 협조적인 관계를 유지하고 있다.

03

아이를 좋은 사람으로 기르는
마음챙김의 길

대부분의 육아 서적은 부모의 스트레스 반응이 자극되면 진심 어린 충고의 말들은 아무런 효과를 발휘하지 못 한다는 사실을 말해 주지 않는다. 갈등 상황에서는 그동안 육아 서적을 읽고 차곡차곡 쌓아 온 새로운 요령들이 저장된 뇌의 영역에 말 그대로 접근조차 할 수 없기 때문이다. 그런 까닭에 이 책은 부모의 (반응적이고 분노에 가득한, 내 안의 마녀와도 같은) 스트레스 반응을 진정시키는 법을 제시하고 아이와 효과적으로 의사소통하는 법을 제안한다. (그러므로 아이의 저항을 자극하는 일을 멈출 수 있다.)

반응성 감소와 효과적인 의사소통은 여덟 가지 기술을 통해 훈런할 수 있다. 늘 바쁜 일상을 살아가지만 의지만 있으면 지금 당장이라도 다음의 여덟 가지 기술을 실행할 수 있을 것이다.

- 반응성을 진정시킬 마음챙김 수련
- 부모 자신의 이야기 인식하기
- 자기 연민
- 어려운 감정 돌보기
- 사려 깊게 듣기
- 능숙하게 말하기
- 사려 깊은 문제 해결
- 평화로운 가정 만들기

많은 부모가 육아 과정에서 생기는 어려움이나 불안, 좌절을 아이의 탓으로 돌린다. 아이를 '교정'하면 삶이 더 나아질 거라고 생각한다. 하지만 아이에게 책임을 돌리는 대신 부모가 육아 스트레스와 난관을 사라져야 할 문제가 아닌 가르침을 줄 대상으로 바라보아야 한다.

이 책은 PART 1과 2로 나누어져 있다. PART 1에서는 반응성을 진정시키기 위해 개인이 할 수 있는 기본적인 해결법을 다룬다. PART 2에서는 능숙한 의사소통과 가정의 평화를 증진하는 방법을 이야기한다. 이 책의 첫 번째 부분을 건너뛰지 않길 바란다. 개인을 변화시킬 수 있는 해결법은 의사소통의 매우 중요한 기초이기 때문이다.

PART 1에서는 스트레스 반응을 줄이고 동정심을 기르는 데 도움이 될 마음챙김 수련을 배울 것이다. 그러면 스스로가 이해되고, 나를 자극하는 요소가 무엇인지 파악할 수 있다. 그다음 순서인 자기 연민은 긍정적인 변화를 위해 꼭 필요한 태도다. 그리고 어려운 감정을 돌보는 중대한 기술을 익히면서 PART 1을 마무리할 것이다.

PART 2에서는 아이의 협조를 이끌어 내며 더불어 더 원만한 관계로 이어지게 만드는 의사소통 기술을 배운다. 아이가 자신의 문제를 해결하는 과정을 도와주면서 부모와 아이의 관계를 원활하게 만들려면 부모가 어떤 자세로 아이의 말을 들어야 하는지 알게 될 것이다. 아이에게 제대로 말하는 기술을 배우면 아이의 저항심을 자극하는 상황을 막을 수 있다. 위협하지 않고도 문제를 해결하는 법을 알고 나면 (부모를 포함한) 모두의 니즈가 충족된다. 마지막으로 여러분의 새롭고 평화로운 가정을 위해 필요한 실천 과제와 습관도 배울 것이다.

나는 내 삶의 힘겨운 순간들을 바탕으로 〈마음챙김 육아Mindful Parenting〉라는 프로그램을 만들었다. 스스로를 인생에서 가장 중요한 육아라는 일에 실패한 엄마라고 생각했었다. 나는 너무나도 지쳐 있었고 스트레스가 극심했던 까닭에 육아 서적에서 제안하는 훌륭한 조언들을 삶에 전혀 적용할 수 없었다. 나는 현실을 파악하기 위해 마음챙김 실천법을 다시 배워야 했다. 하지만 마음챙김 실천법은 아이에게 표현할 올바른 단어, 즉 딸의 저항을 촉발하지 않을 의사소통법을 찾는 데 도움이 되지는 못 했다.

한 가지만으로는 부족하다는 깨달음을 얻고 나서 결국 두 가지를 결합했다. 내게는 두 가지 모두 필요했기 때문이다. 내 주변의 부모들 역시 두 가지 모두 필요했다. 마음챙김과 능숙한 의사소통 기술은 우리를 날아오르게 도와주는 한 쌍의 날개다.

내 말을 듣지만 말고 직접 시도해 보길 바란다. 이번에는 **개념을 정독하는 데 그치지 말고, 삶에 직접 실현되도록 하자.** 행동은 쓰고, 연습하고, 실제로 수련하는 일을 가리킨다. 다시 말해 고요함을 실천하길 바란다. 처음에는 두려울 수 있지만 결국 열매를 맺게 될 것이다. 노력하면 결과를 얻을 수 있다. 과학자처럼 이 실천 과제들을 여러분의 삶에 직접 실험해 보자.

마지막으로 '사려 깊은 육아 선언문Mindful Parenting Manifesto'을 읊기를 제안한다. 앞으로 직접 확인하게 되겠지만 이 선언문은 여러분을 이 책의 처음부터 끝까지 인도하는 등대가 되어 줄 것이다.

사려 깊은 육아 선언문

사려 깊은 부모는 새로운 부모 세대다. 현재에 집중하며 나아지고 있으며, 차분하고, 진실하며, 자유롭다.

사려 깊은 부모는 불필요한 스트레스와 한정된 이야기로부터 자유로워질 때 우리의 진실되고 평화로운 본성이 빛나리라는 사실을 알고 있으므로, '만족스럽지 못하다.'라고 평가하는 문화를 거부한다.

사려 깊은 부모는 자기 연민을 실천하며, 어려움을 결점이 아니라 가르침을 줄 선생님으로 받아들인다.

사려 깊은 부모는 반응성보다 지혜를, 복종보다 연민의 가치를 알며 매일 새롭게 시작한다.

사려 깊은 부모는 아이들이 배우길 원하는 삶을 살아간다. 최고의 육아는 모범을 보이는 것이라는 사실을 알기 때문이다.

사려 깊은 부모는 내면에서부터 조용히 힘을 얻는다.

사려 깊은 부모는 현재를 실천하며 경험을 창조하고 불완전을 수용하며 스스로를 사랑한다.

사려 깊은 부모는 한 걸음 한 걸음 내디딜 때마다 다음 세대를 위한 변화를 만든다는 사실을 이해하고 열정적으로 실천한다.

우리는 사려 깊은 부모다.

차례

서문　　　　　4

들어가며　　　9

PART 1 ✳

반응성의 고리
끊어 내기

CHAPTER 1 ## 침착성 유지하기

1 | 자동 반응　　　　　　　　　　　　　　　37

2 | 마음챙김: 부모에게 필요한 초능력　　　44

3 | 자동 반응성 줄이고 현재에 집중하기　　60

4 | 반응성을 낮춘 육아를 위한 기초　　　　73

CHAPTER 2 반응성 자극제 제거하기

1 | 아이들은 부모의 문제를 끄집어낸다   79

2 | 우리를 자극하는 원인 길들이기   88

3 | 어떻게 하면 덜 소리칠 수 있을까?   98

4 | 우리를 자극하는 요인을 해결하고 현재에 더 집중하기   114

CHAPTER 3 나부터 공감 실천하기

1 | 우리 내면의 목소리는 중요하다   119

2 | '자기 연민'이라는 치유법   124

3 | 친절과 공감의 모범 보이기   133

4 | 지나치게 노력하지 않기   146

5 | 내 안의 친절   150

CHAPTER 4 힘든 감정 관리하기

1 | 감정에 대한 습관적 반응   155

2 | 중도: 사려 깊은 수용   159

3 | 아이의 어려운 감정 극복 돕기   176

4 | 힘든 감정 돌보기   187

PART 2

온화하고 자신감 있는
아이로 키우기

CHAPTER 5 ## 도움의 말 듣고 치유하기

1 | 마음챙김의 자세로 문제에 접근하기   195

2 | 듣기의 치유 능력   200

3 | 하지 말아야 할 말   206

4 | 도움이 될 방법   213

5 | 듣기는 관계를 강화한다   223

CHAPTER 6 ## 올바른 내용 말하기

1 | 부모에게 문제가 있을 때   229

2 | 사랑스럽고 효과적인 표현   259

CHAPTER 7 신중하게 문제 해결하기

1 | 기존의 갈등 해결법 266

2 | 니즈의 균형을 통한 갈등 해결 274

3 | 영향력의 힘 294

CHAPTER 8 평화로운 가정 만들기

1 | 의식적으로 연결을 강화하기 301

2 | 효과적인 육아 습관 312

3 | 평화로운 가정을 위해 단순화해야 하는 것 322

4 | 사려 깊은 삶으로 옮겨 가기 335

감사의 말 339

참고자료 341

PART 1

반응성의 고리
끊어 내기

RAISING
GOOD
HUMANS

"우리는 파도를 멈출 수 없다.
하지만 서핑을 배울 수는 있다."

— 존 카밧진 Jon Kabat-Zinn

침착성 유지하기

아침 8시를 떠올려 보자. 오늘도 우리는 바쁜 하루를 앞두고 있고 아이는 8시 15분까지 등교해야 한다. 학교에서는 이미 여러 번 등교 시간을 지켜 달라는 경고의 메시지를 보내 왔다. 하지만 아직도 준비가 덜 된 아이는 또 옷을 갈아입는 중이고 양치질도 끝내지 않았다.

"아들! 서두르지 않으면 늦겠어." 여러 차례 목소리를 높여 보았지만 아이는 현관에 나타나지 않는다. 결국 어떻게 된 건지 확인하기 위해 아이 방에 가 보니 아이가 바닥에 누워서 소리를 친다. "나 학교 안 갈 거야!"

이 장면을 읽고 어떤 생각이 드는가? 몸에서는 어떤 반응이 일어나는가? 피가 뜨거워지기라도 하는 듯 맥박이 빨라진다. 턱이 뻐근해지기 시작한다. 그리고 무력감, 불안, 좌절감과 같은 감정이 휘몰아친다. 조급한 생각이 머리를 스치고 나면 내 안의 목소리가 이 상황에 대해 큰소리로 불평불만을 터뜨린다.

여기서 반드시 기억해야 할 점이 있다. 이 모든 반응이 저절로 일어난다는 점이다. 우리는 좌절감, 무력감, 생리적 스트레스 반응을 선택하지 않는다. 이런 순간 우리는 자동 조종 장치가 작동하듯 반응한다. 스트레스가 행동과 반응을 지배하는 것이다. 말은 그저 입 밖으로 튀어나올 뿐이다. 이때 자동 반사적으로 쏟아져 나온 표현들은 어릴 적 우리의 부모가 우리에게 내뱉은 말들이 그대로 되풀이되어 나온 경우가 대부분이다.

01

자동 반응

우리는 자동 반응 모드일 때 최악의 부모가 된다. 스트레스 상황에서 (내 어머니의 목소리가 내 입을 통해 나오는) 자동 조종 반응을 하는 대신 신중하게 대응할 수 있다고 가정해 보자. 상황이 어떻게 달라질 수 있을까?

CHAPTER 1에서는 신경계를 들여다보고 신경계가 육아를 어떻게 방해하는지 살펴볼 예정이다. 더불어 그런 방해에 대응하는 데 도움이 되고 자동 반사적인 행동을 줄일 수 있는 실천법을 익혀 볼 것이다.

● 스트레스 반응이란 무엇인가?

스트레스를 받으면 심장 박동이 빨라지고 혈압이 상승하며 호흡이 가빠진다. 이런 즉각적인 신체 반응은 우리가 위협에 맞서거나 안전한 곳으로 달아날 수 있도록 돕기 위해 나타나는 반응이다. 스트레스 반응은 우리의 조상들이 위협에 신속히 대응하고 살아남는 데 큰 역할을 했다. 우리를 주춤하게 하고 반응 속도를 늦추는 뇌 상부(이성적으로 판단하고 문제를 해결하도록 하는 부분)에 대한 접근을 차단하기 때문이다. 우리의 선조들이 호랑이로부터 아이를 보호해야 하는 상황에서 심사숙고하느라 잠깐이라도 멈칫했다면 아이를 구할 수 없었을 것이다. 이런 스트레스 상황에서 필요한 것은 신속한 대응이다. 하지만 오늘날 우리는 이와 같이 자동으로 튀어나오는 스트레스 반응으로 인해 곤경에 처할 때가 많다.

'이성을 상실'하는 상황에는 생물학적·진화학적 배경이 있다. 사실 진화론적 관점에서 문제를 들여다보면 나는 **이성을 잃는 행동은 우리의 잘못이 아니라고 생각한다**. '이성의 상실'은 뇌가 그 상황을 위협이라고 잘못 인식하면서 자동 반사적으로 반응할 때 일어난다. 아이와의 갈등은 무의식적으로 생물학적 반응을 자극할 수 있다. 우리는 이렇게 자동 조종 반응 행동을 선택하지 않는다. 하지만 그런 행동의 영향력을 완화하는 일은 가능하다. 지금부터 그 방법을 자세히 들여다보자.

우리는 또한 의식적으로 문제에 집중하지 않는 방법을 선택하기도 한다. 사람은 생존을 위해 위험을 초래할 수 있는 사물을 인지하는 경향을 타고나는데 이를 '부정 편향성negativity bias'이라고 부른다. 뇌 하부는 부정적인 상황을 더 쉽게 알아차리도록 해서 생존을 위한 투쟁에 도움이 되도록 작용한다. 하지만 부정 편향성은 우리와 아이 사이의 (육아를 더 쉬운 일로 만들어 줄 끈끈한 유대) 관계를 해칠 수 있다. 우리는 아이들이 협조적일 때와 협조적이지 않을 때를 전부 경험한다. 그뿐 아니라 아이들은 선한 모습은 하나도 없는 이기심만 가득한 모습을 보이기도 한다. 결국 부모가 아이를 바라보는 관점은 매우 편협하고 편견에 가득할 수도 있다.

따라서 감정을 제대로 분석하고 조절하지 않으면 우리는 양육과정에서 부정적인 경험을 할 수밖에 없다. 생물학적으로 그렇게 설계되어 있다. 하지만 반드시 부정적인 길을 따르라는 법은 없다. 그러므로 이제부터는 부정적 경험이 계속되는 상황을 반전시킬 수 있는 검증된 도구와 실천법을 여러분과 공유하고자 한다.

뇌 안에서는 어떤 일이 일어날까?

우리가 '이성을 상실'할 때 뇌에서는 어떤 일이 일어나는지 조금 더 자세히 들여다보자. 먼저 뇌 하부의 스트레스 반응을 살펴보겠다. 뇌는 서로 연결된 그물망으로 이루어져 있으므로 뇌의 가장 안쪽인 뇌간腦幹, brain stem과 대뇌변연계大腦邊緣系, limbic region를 들여다보는 방법이 도움이 된다. 이곳은 스트레스 반응, 즉 익히 잘 알려진 '투쟁-도피-경직 반응'을 관할한다.

과학자들에 따르면 뇌 하부는 주로 기본적인 신체 기능(호흡 등), 본능적 반응(투쟁, 도피, 경직 등), 강렬한 감정(분노, 공포, 혐오 등)을 조절한다. 대뇌변연계에 존재하는 아몬드 모양의 구조물인 편도체amygdalae는 위험 감지 체계의 중심부다. 편도체와 대뇌변연계는 우리가 살아남을 수 있도록 신속하게 위협을 감지하고 반응하기 위해 수천 년에 걸쳐 단련되어 왔다. 위험을 감지하는 기능은 엄청나게 중요한 까닭에 이때 나타나는 반응은 뇌 상부를 거치지 않는다. 뇌 상부는 '사려 깊은 의사 결정'이라는 훨씬 더 느린 정신 작용을 다루기 때문이다.

《아직도 내 아이를 모른다》(대니얼 J. 시겔, 티나 페인 브라이슨, 알에이치코리아(RHK), 2020(원제: 《The Whole-Brain Child》, 2011))에 따르면 뇌 상부 중에서도 이마 바로 뒤에 자리 잡은 전두엽 피질은 대개 문제 해결, 창의력, 계획성, 상상력, 심사숙고 같은 복

40

잡한 정신 작용을 다룬다. 전두엽 피질은 우리가 신중한 부모가되는 데 필요한 다음과 같은 기질이 발휘되는 본거지다.

· 이성적 의사 결정
· 감정과 신체에 대한 의식적 통제
· 자아 인식
· 공감 능력

● 손상된 부모력

사려 깊고 신중한 선택을 하는 기질은 이해력과 공감 능력의 중추인 뇌 상부에 접근하는 능력에 달려 있다. 하지만 뇌 상부에 접근하는 능력은 이성을 잃는 상황이 되면 손상을 입는다. 신체가 받는 스트레스 반응은 뇌 상부의 기능을 해치고 자동 조종 반응은 전두엽 피질을 거치지 않는다. 그러므로 스트레스 반응이 작동되고 있는 상황에서 우리는 뇌의 이성적 영역에 접근할 수 없다는 사실을 반드시 기억해야 한다.

이성을 잃는 상황은 우리가 선택할 수 있는 영역이 아니다. 생물학적 체계가 자동 반응한 결과다. 따라서 다르게 반응하는 법을 배우려면 의도적으로 연습을 해야 한다. 또한 우리의 반응에 부모인 우리가 전적으로 책임지지 않아도 된다는 사실을 의미하기도 한다. 조상들에게 위협에 즉각적으로 반응하는 것은 엄청나게 중요한 일이었다. 하지만 우리 뇌의 편도체는 오늘날의 우리가 과거와는 완전히 다른 세상에 살고 있다는 사실을 알지 못하니 말이다.

대부분의 육아 조언들이 효과를 발휘하지 못하는 이유도 여기에 있다. 대개 육아 전문가들은 스트레스 반응을 어떻게 조절해야 하는지 가르쳐 주는 것을 중요하게 생각하지 않는다. 따라서 상황이 나빠지고 스트레스에 휩싸이면 우리는 새로 익힌 육아 기술에 접근조차 하기 어렵다.

육아에 관한 책이나 블로그에 실린 글들은 선한 의도가 가득한 조언임에도 불구하고 일단 스트레스 반응이 시작되면 날개라도 달린 것처럼 어디론가 사라진다. 결국 우리는 좌절감에 휩싸이고 만다. 어쩌면 '나쁜 부모'라고 스스로를 비하하게 될지도 모른다. 그러나 절대 실망할 필요는 없다. 우리는 잘못된 부모가 아니다. 우리를 좌절하게 만드는 원인은 생물학적 반응이며, 그에 대처할 도구는 분명 존재한다.

모든 문제의 원인이 몸속 깊이 자리잡은 생물학적 반응에 있다면 어떻게 해결해야 할까? 다행스럽게도 우리에게는 오랜 시간에 걸쳐 입증된 방법, 바로 **마음챙김 명상**이 있다. 최근 몇 년간 폭발적으로 언론 보도가 늘어난 까닭에 여러분도 마음챙김 명상에 대해 한 번쯤 들었을 것이다. 하지만 정확하게 이해하지는 못했을 지도 모른다. 어쩌면 여러분은 '우리 지금 육아에 관한 이야기 중 아닌가?'라고 질문할 수도 있다. 맞다. 우리는 지금 자녀 양육을 이야기하는 중이다.

마음챙김
: 부모에게 필요한 초능력

마음챙김 명상은 우리의 반응을 진정시키는 과정에서 엄청난 차이를 만들어 낼 매우 중요한 비밀 무기다. 마음챙김이란 무엇일까? 마음챙김을 가장 잘 정의한 사람으로 내가 꼽는 인물은 과학자이면서 글 쓰는 저자, 명상 선생님인 존 카밧진이다. 카밧진 박사는 마음챙김을 의학계와 사회의 주류로 이끄는 과정에서 지대한 영향을 끼쳤다. 그에 따르면 마음챙김은 '편견을 버리고 목적과 현재의 순간에 초점을 맞춤으로써 살아나는 의식'이다(《당신이 모르는 마음챙김 명상》, 학지사, 2022(원제: 《Meditation Is Not What You Think》, 2018)).

명상은 사람들에게 다양한 의미로 다가간다. 부모인 우리에게는 반응성을 낮추고 현재에 집중하기 위한 실천법이 되어 준다. 따라서 마음챙김 명상은 의도적으로 우리의 주의를 현재의 지금 이 순간에 모으고, 반응성을 줄인다. 판단 없이 호기심을 갖도록 훈련시킨다. 마음챙김(현재의 순간 또는 대상을 있는 그대로 주의를 집중해 관찰하는 것)은 우리가 목표로 하는 자질이다. 그러므로 마음챙김 명상은 우리 안에 자질을 쌓게 돕는 도구가 되어 준다.

마음챙김 명상은 수많은 이점이 있는데 부정적인 역효과는 사실상 거의 없다. 존스홉킨스대학교Johns Hopkins University 연구진에 따르면 마음챙김 명상이 불안, 우울, 만성 통증으로 인한 심리학적 스트레스를 완화하는 데 도움이 된다고 결론 내린 연구는 47건에 달한다.[1] 또한 마음챙김은 긍정적 감정을 유발하고,[2] 사회적 유대와 정서 지능을 발달시키며 무엇보다도 감정 조절 능력을 향상시킨다(우리 부모들에게 꼭 필요한 요소다)[3]. 나는 이 모든 효과를 나뿐 아니라 내 고객들의 삶에서 직접 확인할 수 있었다. 간단하

---

[1] 〈마음챙김 명상이 불안과 정신적 스트레스를 완화할 수 있다Mindfulness Meditation May Ease Anxiety, Mental Stress〉. 줄리 콜리스Julie Corliss. 2014

[2] 〈마음챙김 명상에 따른 뇌와 면역 기능의 변화Alterations in Brain and Immune Function Produced by Mindfulness Meditation〉. 리처드 데이비드슨Richard Davidson 외. 2002

[3] 〈열린 마음으로 삶을 건설하다: 사랑과 친절의 명상을 통한 긍정적 감정은 중요한 개인적 자산을 생성한다Open Hearts Build Lives: Positive Emotions, Induced Through Loving-Kindness Meditation, Build Consequential Personal Resources〉. 바바라 프레드릭슨Barbara L. Fredrickson 외. 2008

게 표현하자면 마음챙김을 수련하면 평온함을 느끼고 좋은 부모가 되기 위한 근본을 세울 수 있다는 뜻이다.

● 마음챙김 명상은 뇌를 변화시킨다

마음챙김 명상은 시간이 지나면서 점차 뇌의 반응성에 놀라울 만큼 커다란 변화를 일으킨다. 아직 100퍼센트 증명된 사실은 아니지만 8주간의 마음챙김 명상을 실행한 다음 MRI 검사를 하자, 뇌의 투쟁-도피를 결정하는 중심부인 편도체가 오그라든 사실을 확인할 수 있었다. 편도체가 오그라들면 전두엽 피질(앞서 설명한 인지, 집중, 감정 이입, 의사 결정과 같은 더 복잡한 뇌 기능과 관련된 기관)은 두꺼워진다.

게다가 이 부분들 간의 '기능적 연결성' 즉, 함께 활성화되는 빈도에도 변화가 생긴다. 편도체와 뇌의 나머지 부분 간의 연결 고리가 약해지고 주의, 집중과 관련된 부분 간의 연결 고리는 강해진다.[4] 다시 말해, 명상은 반응성을 약화시켜서 물리적으로 뇌를 변화시킨다! 놀랍지 않은가? 이렇게 변화하는 뇌의 능력을 신경

---

4) 〈마음챙김 명상은 두뇌에 어떤 작용을 하는가?What Does Mindfulness Meditation Do to Your Brain?〉, 톰 아일랜드Tom Ireland, 2014

가소성neuroplasticity이라고 부르는데 이는 평생에 걸쳐 일어난다. 마음챙김 명상으로 스트레스에 대한 반사적 반응은 조금 더 사려 깊은 반응으로 대체될 수 있다.

이와 같은 변화와 함께 마음챙김 명상은 다양한 육아 환경에서 우리가 더 명확한 판단을 할 수 있도록 돕는 기준이 되어 준다. 반응성이 줄면 우리는 논리적이고 이성적이며 이해심 있는 전두엽 피질에 접근할 수 있고, 새로운 의사소통 기술을 사용할 수 있을 것이다. 새로운 의사소통 기술은 나중에 자세히 다룰 예정이다. 마음챙김 명상으로 스트레스 반응성을 낮추는 습관을 갖춘다면 사려 깊은 부모가 되겠다는 우리의 의지는 반응성에 휘둘리지 않게 될 것이다.

아이들도 우리처럼 스트레스 반응을 타고난다. 아이들의 투쟁-도피 체계는 거대하고 무서운 부모를 위협으로 인식하기도 한다. 아이의 신경 체계가 부모를 위협으로 받아들이면 저항성이 자극되어 학습하기 힘든 상태가 된다. 성인보다 덜 발달된 아이의 뇌 상부가 작동하지 않기 때문이다. 그러므로 아이와의 연결 고리를 잃고 싶지 않다면 먼저 아이에게 수준을 맞추고, 우리의 몸과 목소리가 어떻게 위협으로 변할지 의식하는 일이 무엇보다 중요하다. 부모가 아이의 시각에서 덜 위협적으로 보이도록 하고, 소리치는 대신 침착한 목소리로 말하면 아이 역시 스트레스를 덜 받게 되며 결국 서로 더 협력적인 관계가 될 수 있을 것이다.

● 자동 조종 장치에서 벗어나기

　시야를 넓혀서 조금 더 큰 그림으로 마음챙김을 들여다보자. 우리는 아이와 함께할 때 대부분 자동 조종 모드에 놓인다. 목표를 달성하고 문제를 해결하며 계획을 세우고 오늘 하루 혹은 내일을 설계하는 일에 온 신경을 집중한다. 아이들과 함께하는 매 순간 우리의 머릿속에는 미래에 대한 계획들로 가득하다(예를 들어, 아이들이 그날 하루가 어땠는지 이야기하는 동안에도 머릿속으로는 저녁 메뉴를 계획하고 있다). 자동 업무/성과/계획 모드일 때 우리의 마음은 다른 곳에 가 있다. 즉, 아이와 함께하는 현재의 순간에 집중하지 못하는 것이다.

　현재 아이와 함께하는 시간에 온전히 마음을 기울이지 못하면 아이에게 표면적으로 일어나고 있는 일의 이면에 감춰진 속내를 파악할 기회를 놓치고 만다. 엄마의 지시보다 따뜻한 포옹이나 도움이 필요하다고 아이가 보내는 신호를 인지하지 못할 수 있다. 삶에 마음챙김 수련이 없다면 우리는 당장 서툰 선택을 하게 될 수도 있고 강력한 스트레스 반응에 압도당할 수도 있다. 그렇게 되면 그 순간 꼭 필요한 사려 깊고 이해심 가득한 반응을 보이는 대신 반응성이 자극된다. 이런 악순환을 끊어 내는 방법에 대해서는 CHAPTER 2에서 더 자세히 다룰 것이다. 우선 우리는 매 순간 반응성을 줄이는 데 도움이 될 마음챙김 수련을 배워 보자.

마음챙김을 연습하고 다정함과 호기심이 가득한 현재의 순간에 관심을 기울이면 우리는 주의와 다정함과 호기심을 아이에게 집중하고 마음을 분산시키는 모든 문제를 지나칠 수 있게 된다. 나는 2018년에 〈사려 깊은 엄마Mindful Mama〉라는 팟캐스트 방송에서 정신의학 임상 교수이자 저자이며 애착, 마음챙김, 두뇌 전문가인 대니얼 시겔 교수와 대화를 나눈 적이 있다. 시겔 교수는 "부모는 자녀가 행복하고 회복 탄력성을 가진 삶을 살아갈 기회를 최대한 마련해 주는 가장 중요한 존재다."라고 표현했다.

놀랍지 않은가? 하지만 현실을 들여다보자. 현재의 순간에 100퍼센트 집중할 수 있는 사람은 없다. 그래도 괜찮다. 지금은 중간 단계이지 않은가? 스트레스 반응을 줄이기 위해 마음챙김이라는 도구를 이용하고 아이와 함께하는 현재에 집중하자. 우리의 목표는 '괜찮은 부모'가 되는 것이다.

● 마음챙김 실천법

마음챙김을 어떻게 실천해야 할까? 현재 일어나는 일에 관심을 기울이고 지금 이 순간에 더 집중하도록 의식적으로 노력한다. 자신의 내면과 주변에서 매 순간 무슨 일이 일어나는지 따뜻한 마음과 호기심이 가득한 시선으로 바라보며, 편협함을 버리고 관심을 기울이는 연습을 한다. 내가 이야기하는 바를 제대로 경험할 수 있도록 지금 바로 시도해 보자.

실 천 과 제

건포도 먹기에 집중하기

찬장에서 건포도를 꺼내 들고 마음챙김 과제를 시작하기 전 아래의 내용을 모두 숙지한다. 우리는 손에 든 건포도에 모든 관심과 호기심을 끌어모을 것이다.

1 목적 정하기: 따뜻한 마음과 호기심을 모아서 지금 하는 연습에 온전히 집중하기로 한다.

2 손에 들기: 건포도를 손바닥에 놓아도 좋고, 손가락으로 쥐어도 좋다. 우리는 화성에서 방금 지구로 왔고 건포도라는 물체를 처음 보는 상황이라고 상상한다.

3 관찰: 제대로 건포도를 관찰하는 시간을 갖는다. 세심하게 주의를 기울여 건포도를 응시한다. 마치 지금까지 한 번도 건포도를 본 적 없는 것처럼 탐구한다.

4 접촉: 손가락으로 건포도를 이리저리 돌리며 살펴보고 감촉을 느낀다. 촉감을 더 잘 느낄 수 있도록 눈을 감는다.

5 냄새 맡기: 건포도를 코에 가까이 대고 냄새를 맡는다. 입과 위가 어떻게 반응하는지 관찰한다.

6 놓기: 천천히 건포도를 입 가까이에 댄다. 입에 넣더라도 아직은 씹지 않는다. 입에서 어떤 감촉이 느껴지는지 몇 분 동안 관찰한다.

7 맛보기: 신중하게 건포도를 한두 번 씹어 보고, 어떤 일이 일어나는지 주의 깊게 살핀다. 계속 씹으면서 맛이 어떻게 달라지는지 주목한다. 아직 삼키지 말고 입 안에서 느껴지는 맛과 감촉에 주의를 기울이면서 시간이 지남에 따라 매 순간 어떻게 변하는지 느껴 본다. 건포도의 변화에 주목한다(이 상태에서도 건포도라고 부를 수 있을까 의문이기는 하다).

8 삼키기: 삼킬 때가 되었다고 느끼면 내가 삼키고 싶다고 생각하는 마음이 감지되는지 확인해 보고, 이마저도 의식적으로 경험할 수 있는지 파악한다.

8 결과: 마지막 단계. 위장으로 내려가는 건포도에서 무엇을 느낄 수 있는지 살핀다. '마음챙김의 자세로 먹기'를 마치면서 우리 몸이 느낀 점을 기억한다.

'마음챙김의 자세로 먹기'를 경험한 여러분을 환영한다! 방금 마친 경험은 마음챙김을 실천할 수 있는 상황 중 한 가지일 뿐이다. 이 방법은 일상적이고 산만하며 습관적으로 사고하는 방식과 온전히 현재에 집중하는 방식의 차이를 실감하기에 매우 좋은 방법이다.

● 비반응성 근육 강화하기

짧은 명상 연습은 반응성을 줄이는 최적의 방법이 될 수 있다. 마음챙김과 자기 연민을 실천하면서 점차 우리는 반응성을 낮추고 스스로와 아이를 더 잘 받아들이고 인정할 수 있게 된다. 대부분의 사람들은 이런 변화 과정을 아주 조금씩 점진적으로 경험한다. 가족과 일을 비롯한 일상의 다양한 과제 때문에 발생하는 압박감은 시간과 에너지를 앗아간다. 그래서 나는 매일 할 수 있는 5분 마음챙김 명상과 더불어, 짧지만 우리의 삶에 직접적으로 연결되는 마음챙김 실행법을 전할 것이다.

명상은 스트레스와 반응성을 줄이기 위해 주의력을 높이는 하나의 방법이지 종교가 아니다. 기업 CEO에서부터 유명인과 감옥의 재소자에 이르기까지 다양한 사람이 마음챙김 명상을 실천한다. 운동과 영양분이 가득한 음식으로 몸을 챙기는 일과 마찬가지로 명상은 우리의 마음을 돌보는 방법이다. 명상을 위해 필요한 건 호흡뿐이다.

정좌 명상의 습관을 기를 수 있도록 하루 중 일정한 시간을 정한다. 몇 분 정도 일찍 일어나 마음챙김으로 하루를 시작하는 습관도 좋다. 하루를 시작하며 그날 전체의 분위기를 정할 수 있기 때문이다. 하지만 많은 사람이 저녁에 명상을 실천한다. 특히 아이를 둔 부모라면 아침에 겨우 몇 분 일찍 일어나는 일도 힘겨울 수 있다. 오전이든 점심 식사를 하는 휴식 시간이든 낮잠 시간이든 다 좋으니 매일 일정한 시간을 정하자. 우리의 목표는 양치질처럼 명상을 습관으로 만드는 일이기 때문이다.

글로 읽기만 해도 실천할 수 있다고 생각해서 기초적인 작업을 뛰어넘지 않기를 바란다. 테니스를 글로 읽는다고 훌륭한 테니스 선수가 될 수는 없지 않은가? 하루 중 단 몇 분만이라도 명상을 위해 투자한다면 온종일 반응성을 낮추는 데 도움이 될 것이다. 이렇게 생각해 보면 어떨까? 평소 규칙적으로 연습하지 않은 아이를 축구 결승전에 내보내지는 않을 것이다. 마음챙김도 마찬가지다. 마치 결승전처럼 긴장과 갈등이 가득한 아이의 생떼를 견디려면 규칙적인 마음챙김 수련이 필요하다.

짧은 명상을 시작으로 조금씩 시간을 늘려 하루 20분 명상에 도전해 보자. 다음 실천 과제를 따라 해도 좋다.

정좌 마음챙김 명상

조용한 시간과 장소를 찾는다. 몸을 세우고 의자나 쿠션에 편안하게 앉는다. 편안한 자세여야 한다. 안락의자에 앉아 명상하는 방법도 좋다. 두 손을 모으거나 편하게 내려놓는다. 시간에 신경 쓰지 않도록 알람 시간을 설정한다.

눈을 완전히 감아도 좋고 반쯤 떠도 좋다. 호흡과 신체에 정신을 집중한다. 가슴을 넓게 열어 따뜻함과 부드러움을 가득 채운다. 배꼽이나 코로 호흡을 느낀다. 자연스럽게 호흡한다. 들숨과 날숨에 집중한다. 숨을 들이쉬면서 '숨 들이쉬고'라고 말하고, 숨을 내뱉으면서 '숨 내쉬고'라고 혼잣말을 한다.

온갖 생각이 떠오를 것이다. 당연한 일이다. 우리의 목표는 사고를 멈추는 게 아니라 주의력을 단련하는 데 있다. 우리의 목표는 현재의 시간에 집중하고 산만하게 시간을 허비하지 않는 것이다. 원한다면 생각하고 있는 대상에 '생각'이라는 이름을 붙여도 좋다. 그런 다음 다시 호흡에 정신을 모은다. 이 과정을 반복하고, 반복하고 또 반복한다. 마음이 산만해졌다는 사실을 깨달을 때마다 '반복의 기회'로 여기고 마음챙김 근육을 기른다. 혹시 잘못하고 있다는 생각이 들더라도 걱정 말자. 여러분은 잘하고 있다.

명상은 연습과 자연스러운 시도를 거치면서 점차 발전한다. 이 단순한 연습을 매일 반복하면 기초가 더 튼튼해지고 자신을 더 잘 인식하게 될 것이다.

명상을 하면 마음을 통제하고 자동 반응 모드에 떠밀리지 않을 수 있다. 명상으로 우리는 자아를 더 잘 의식하게 되고, 생각에 빠지기보다 현재의 순간에 집중할 수 있게 된다. 현재에 집중하면서 더 명확히 볼 수 있게 되면 불안과 두려움이 사라지고 반응성이 줄어들 것이다.

● 마음챙김을 실천하는 다른 방법

마음챙김 수련을 육아에 적용하면 침착성이 높아질 것이다. 그 결과, 평정심을 유지하겠다는 인식이 커지면서 전반적인 스트레스 수준을 낮출 수 있게 된다. 여러분은 차분한 마음으로 실행할 활동을 매일 한 가지씩 찾게 될 것이다. 이 활동을 삶의 전반적인 속도를 늦추는 시간으로 활용하면서 온화한 마음과 호기심을 갖고 육아에 집중할 수 있을 것이다.

매일 실천하는 마음챙김 활동

우리는 이미 마음챙김의 자세로 건포도를 먹는 방법을 살펴보았다. 지금부터는 매일 반복되는 일상인 까닭에 우리 대부분이 자동 조종 모드로 실행하는 설거지에 마음챙김을 적용해 보자. 설거지 역시 만족스러우면서도 의미 있는 일이 될 수 있다.

천천히 접시를 닦는다. 손에 닿는 따뜻한 물의 온도를 느껴 보자. 접시와 컵이 내는 소리에 집중하자. 그리고 비누 거품의 형태를 눈여겨본다. 더러웠던 무언가를 다시 깨끗하게 만드는 경험을 즐겨 보자. 다른 일이 떠오르면 정신이 산만해졌다는 사실을 인지할 수 있다는 뜻이므로 다시 접시 닦기에 집중하자. 오직 설거지만 생각한다.

선불교의 스승이자 마음챙김 지도자이며 평화운동가인 틱낫한Thich Nhat Hanh은 자신의 저서 《틱낫한 명상》(불광출판사, 2013(원제:《The Miracle of Mindfulness》, 1975))에서 아래와 같이 저술했다.

"설거지할 때 그릇 하나하나가 사색의 대상인 것처럼 느긋한 마음으로 씻어라. 그릇 하나하나를 신성한 물체라고 생각하라. 정신이 산만해지지 않도록 호흡에 집중하라. 일을 빨리 끝내려고 서두르지 마라. 접시를 깨끗하게 하는 일이 삶에서 가장 중요하다고 생각하라."

여러분이 마음챙김의 자세로 실행하고 싶은 활동은 무엇인가? 매일 습관적이며 자동 반사적인 태도로 하는 일 중에서 한 가지를 선택해 보자. 샤워가 될 수도 있고, 차에서 내려 사무실로 걸어가는 길이 될 수도 있으며, 아이를 돌보는 일이어도 좋다. 일상 중 어떤 일이라도 가능하다.

● 신체를 의식하라

현재에 집중하는 가장 빠르고 쉬운 방법 중 한 가지는 몸을 의식하는 연습이다. 말 그대로 '감각을 모아' 살아 있다는 게 어떤 느낌인지 느껴 보는 것이다. 신체 감각에 주의를 기울이면 지금, 이 자리에 존재할 수 있다. 어제나 내일이 아니라 현재의 순간만을 느낀다. 우리의 몸은 마음챙김 수련을 위한 닻의 역할을 한다.

아이를 키우면서 힘든 순간이 찾아올 때 몸에 주의를 기울이면 지면 효과(항공기가 지면에 가까워질 때 내려앉지 않고 지면을 따라 부양하는 현상)가 일어난다. 우리가 신체에 의식을 불어 넣으면 현실을 파악할 수 있게 된다. 신체에는 무게가 있으므로 끊임없이 생각과 반성을 거듭하는 변덕스러운 마음에 적절히 균형을 잡아 주는 역할을 한다. 몸을 의식하면서 우리는 지구상에서 우리의 존재라는 물리적 현실을 깨닫게 된다. 그리고 다른 형태의 명상과 마찬가지로 신체에 대한 마음챙김은 주의력을 강화하고 스트레스를 줄여 준다.

신체에 집중하기

다음의 간단한 지침을 따라해 보자. 우리의 몸과 접촉하는 데 도움이 될 것이다. 해야 할 일들에 관한 걱정은 접어 두고 억눌린 감정을 발산해 보자. 몸에 대해 더 잘 인지할수록 화가 치밀기 전 솟아오르는 감정을 더 잘 보고 느낄 수 있게 될 것이다.

편안한 자세로 앉거나 눕는다. 몸이 바닥과 만나는 감촉과 압력을 느끼도록 노력한다. 깊게 숨을 들이쉬면서 가슴이 어떻게 부풀어 오르는지 주목한다. 숨을 내쉬면서 부드러워지는 신체를 느낀다.

감각을 손으로 모은다. 얼얼함이나 떨림이 느껴지는가? 몇 분간 모든 감각을 손에 집중한다. 그 느낌에 궁금증을 가져 본다.

발에서도 비슷한 감각이 느껴지는가? 몸 전체에서는 어떤가? 기분 좋은 감각을 느낄 수도 있고 불쾌한 감각을 느낄 수도 있다. 판단하는 마음 없이 느끼고, 숨을 내쉴 때마다 몸에서 힘을 뺀다. 몸의 감각을 느끼며 충분히 호흡한다.

여러 갈래로 생각이 뻗어 나간다면 그 생각들을 살며시 내버려 두고 몸의 느낌에 다시 집중해 본다. 정신이 (소리 등) 다른 곳으로 쏠린다면 그 사실을 받아들이고 최대한 몸에 집중할 수 있도록 편안한 마음으로 노력해 본다.

명상 중이나 마음챙김 수련 중에 주의가 산만해진다고 해서 걱정할 필요는 없다. 깨달음의 경지에 이른 달인이거나 생명을 잃은 상태가 아니라면 마음이 산만해지는 게 매우 당연하다. 우리의 뇌는 생각하는 기계다. 하지만 수련에 전념한다면 매일 조금씩 조금씩 향상된 결과를 얻을 수 있다. 스트레스가 적어지고 불안감이 줄며, 우울감이 적어지고 더 차분해지며 훨씬 큰 행복감을 느끼게 될 것이다.

아이들은 장난감이나 공부보다 부모인 우리를 필요로 한다. 모든 스트레스와 반응성의 기저에 자리잡은 '덜 긴장하고 편안한 마음으로 현재에 존재하는 부모'를 말이다. 온전히 현재에 집중하는 능력을 통해 자연스럽게 아이에게 안정을 주고, 부모가 자신을 보고 듣고 받아들이고 있다고 느끼도록 만들 수 있다. 틱낫한은 이 과정을 이렇게 요약했다(《죽음도 없이 두려움도 없이》, 나무심는 사람, 2003(원제:《No Death, No Fear》, 2003)).

"누군가를 사랑할 때 우리가 줄 수 있는 최고의 선물은 우리의 존재다. 그곳에 함께하지 않는다면 어떻게 사랑할 수 있단 말인가?"

자동 반응성을 줄이고
현재에 집중하기

우리는 인지하지 못하는 사이에 가족과의 관계에서 꼬리표를 붙이고 다양한 정신적 지름길을 택한다. 이런 선택은 도움이 될 때도 있지만 꼬리표를 붙임으로써 예전에 보았던 특정 사례를 다른 상황에도 적용하는 선입견에 빠지게 된다. 예를 들어, '운동 신경이 뛰어난 아이' 혹은 '영특한 아이'라는 꼬리표를 붙이면 결국 그 아이가 가진 여러 가능성에 한계를 설정하고 만다. 비교는 매우 자연스러운 현상이지만 우리는 때때로 그 꼬리표를 곧이곧대로 받아들이기도 한다. **아이의 행동과 태도에 대해 갖는 선입견은 아이를 제대로 보는 과정에서 걸림돌이 될 수도 있다.**

아이는 자라면서 변하는데 꼬리표는 변하지 않는다면 그 꼬리표는 신뢰할 수 없는 자료라는 사실을 반드시 깨달아야 한다. 게다가 선입견은 자기충족적 예언이 될 수도 있기 때문에 아이는 부모가 가진 부정적 기대에 부응하며 살아가게 될 수도 있다. 큰일 날 상황이지 않은가?

우리가 선택하는 또 다른 지름길은 일상과 관련이 있다. 가족의 삶은 반복의 연속이기 마련이다. 우리는 매일 저녁을 차리고 식탁을 치우고 설거지를 하고 잠자리를 준비한다. 이런 일상을 통해 더 편안한 하루하루를 살아간다. 그러나 매일 반복되는 까닭에 새로운 시각으로 상황을 볼 능력을 상실한다는 단점이 있다. 우리는 휴대폰 화면을 보느라 온종일 고개를 숙이고 다닐 때도 많다. 푸르른 하늘과 길가에 예쁘게 핀 꽃의 진가를 잊은 채 바쁘게 살아가기 때문이다. 하지만 무엇보다 안타까운 점은 아이가 우리를 둘러싼 세상에 가져오는 호기심을 알아차리지 못한다는 점이다.

● 현재의 순간에 마음을 열고 바꾸자

사실 우리는 매일 아침 새로운 아이와 함께 눈을 뜬다. 매 순간 아이는 자라고 배우고 변화한다. 생물학적 관점에서 보면 아이의 몸속에서는 하루에도 수천 개의 세포가 사멸하고 수천 개의 세포가 시시각각 생성된다. 아이는 그야말로 한 번도 같은 사람이었던 적이 없는 존재다. 마음챙김은 이러한 진실을 깨닫고 매 순간 새로운 시각으로 아이를 바라볼 수 있도록 돕는다.

더 심오한 단계에서 볼 때 끊임없는 변화는 인간의 존재에서 부정할 수 없을 뿐 아니라 피할 수 없는 현상이다. 우리는 모두 나이 들고 아프기도 하며 결국 죽는다. 모든 감정은 결국 새로운 감정에 자리를 내어 준다. 아이도 마찬가지다. 감정과 행동과 사고를 '늘 그런 것'과 '절대 아닌 것'으로 받아들일 때 우리는 고통받게 된다.

이렇게 생각해 보자. 아이가 거짓말을 (또) 했다는 사실을 알게 되었을 때 느끼는 두려움의 근원은 무엇일까? 우리는 대개 아이가 항상 이런 식으로 거짓말을 하게 되어 관계를 영원히 망가뜨릴 뿐 아니라 행복하고 성공하는 삶을 살아갈 기회를 놓쳐 버릴까 봐 두려워한다. '항상'이라는 생각 때문에 불안으로 가득한 무서운 토끼굴로 빨려 들어간다. '내 아이는 항상 이런 방식으로 살아가겠지?'라는 걱정이 없다면 실제로 일어나고 있는 상황에 더 차분하고 침착하게 대처할 수 있을 것이다.

게다가 일상은 끊임없이 변하고 있다는 진실을 기억한다면 지금 이 순간 일어나고 있는 일에 감사하는 마음을 갖기 쉽다. 영원한 것은 없기 때문이다. 우리는 영원한 존재가 아니며 아이 역시 영원한 존재가 아니다. 또한 우리의 문제도 영원하지 않을 것이다. 그러므로 지금 현재의 순간에 존재하는 법을 배워야 할 이유는 너무도 많다.

현재에 존재한다는 말은 아이를 진정으로 바라보고, 아이의 말을 진심으로 듣고 이해한다는 사실을 의미한다. 또한 우리의 관심사나 선입견을 뒤로 하고 현재에 호기심을 갖는다는 의미이기도 하다. 명상 수련을 하면 우리는 아이와 보내는 매 순간에 함께 존재할 수 있게 된다. 하지만 그것만으로는 충분하지 않다. 지금부터 제시하는 몇 가지 방법은 현재의 순간을 더 깊이 인지할 수 있도록 도와줄 것이다.

● 초심자의 마음
: 모든 순간을 통해 배운다

아이와 함께하는 모든 순간을 새로운 시각으로 보면 어떤 일이 일어날까? 나는 이를 초심자의 마음이라고 부른다. 선불교에서 행하는 이 실천법으로 반응성을 줄이고 모든 상황이 배움의 기회인 것처럼 초심자의 마음으로 삶을 바라볼 수 있게 된다.

속도를 늦추고 편견 없이 지금 이 순간을 인지하는 마음챙김의 자세로 삶을 살아가면 우리를 둘러싼 세상의 풍요로움에 눈을 뜰 수 있다. 삶을 만끽하고 감사하는 마음을 갖추면 그 자체로 기분이 좋아질 뿐 아니라 스트레스를 완화하고 우리를 둘러싼 문제를 더 명확하게 (또한 덜 비판적으로) 바라볼 수 있다. 초심자의 마음을 실천하면 우리가 가지고 있던 기존의 생각에서 벗어나 세상을 있는 그대로 바라보게 된다.

초심자의 마음이란 각각의 새로운 경험을 말 그대로 새로운 경험으로 바라보는 연습이라고 생각하자. 매 순간에 '신선함'을 불러온다고 생각하는 것이다. 이번 주에 지금부터 제시하는 여러 방법을 실천해 보자. 연습을 하면 자동 조종 모드에서 벗어나 선입견을 버리고 현재와 호기심이 가득한 장소로 옮겨갈 수 있다. 분명 연습하면 할수록 강해진다.

초심자의 마음을 규칙적으로 연습하면 아이에 대해 가졌던 이미지와는 달리 현재의 아이를 있는 그대로 바라보는 일이 쉬워질 것이다. 이런 태도를 갖추면 아이에 대한 꼬리표로 아이(혹은 나 자신)의 가능성을 제한하지 않게 된다. 아이를 제대로, 열린 마음으로 볼 수 있다.

실 천 과 제

산책하는 초심자의 마음

먼저 무엇을 기대해야 할지 알 수 없고 이미 수천 번 이상 경험한 일이 아니라
는 듯 새로운 시각으로 걷기 활동을 바라본다.

마음을 다해 거리와 나무, 풀, 콘크리트, 건물, 풍경을 본다. 평소에는 간과
했을지 모를 자세한 부분을 발견하려고 노력한다.

나를 둘러싼 세상의 질감과 맛, 냄새, 모습에 주목한다. 어디를 향해 가는지
모르는 것처럼 온 신경을 집중한다.

실 천 과 제

새로운 시각으로 아이를 바라보기

아이와 처음 만났다고 상상해 보자. 한 번도 만난 적 없는 것처럼 호기심 가득
한 새로운 눈으로 아이를 본다.

사려 깊은 태도로 아이의 머리카락과 미소, 옷차림, 신발, 몸의 움직임을 본
다. 궁금증을 갖는다. 평소에는 알아차리지 못했던 자세한 부분을 보도록 노
력한다. 판단하기보다는 호기심 가득한 태도로 아이가 다른 이들과 어떻게 소
통하는지 주목한다. 매우 신중한 태도를 유지하고 놀랄 준비를 하자.

⦿ 인정
: 본 대로 말한다

우리는 정신적·구어적 **인정**이라는 도구를 통해 아이와 함께 하는 삶에서 마음챙김을 의도적으로 실행할 수 있다. 지금 일어나고 있는 일을 받아들이고 인정하는 것이다. 다음으로는 우리가 얼마나 자주 이 단계를 놓치는지 살펴보고 어떻게 아이와 우리 자신, 명상에 적용할 수 있는지 알아본다.

마음챙김의 자세로 아이를 인정하기

내가 자주 목격하는 장면이 있다. 한 아이가 화난 것처럼 보이는 얼굴로 부모에게 다가간다. 아이의 기분이 나아지길 원하는 부모는 즉시 아이의 문제를 바로잡으려고 노력한다. 대개 부모는 아이에게 "…은 어때?" 혹은 "…대신 …할 수도 있어."라고 말한다. '해결책이 제공되었고 문제는 해결되었다'가 과연 옳을까?

이 상황에서 부모는 아이와 가까워질 수 있는 엄청난 가능성을 놓쳤다. 친밀함을 높이는 매우 강력한 도구, 즉 그 순간 아이에게 일어나고 있는 일을 인정하는 단계를 건너뛰었기 때문이다. 인정을 함으로써, 상처받은 아이의 감정과 같은 진실이나 상황을 보고 받아들이고 있다는 사실을 보여 줄 수 있는데 말이다.

아이와의 관계에서 인정은 마법과 같은 능력을 발휘한다. 아이는 자신의 생각과 감정을 부모에게 인정받고 싶다는 엄청난 욕구를 가지고 있다. 또한 아이는 부모가 진심으로 자신의 말을 듣고, 자신의 모습을 봐 주길 원한다. 부모인 우리는 종종 이 단계를 생략하고 그저 아이의 문제를 해결하고자 한다. 하지만 부모가 눈에 보이는 그대로를 말하고, 아이는 부모가 자신을 보고 듣고 있다고 느끼면 거의 모든 상황이 훨씬 좋아진다.

| 캐런의 이야기 |

네 살인 애셔는 한창 재미있게 노는 중에 가야 할 시간이라는 말을 들었다. 더 놀고 싶었지만 병원 진료 예약 때문에 떠나야 했다. 엄마인 캐런은 애셔가 가기 싫다고 떼쓰기 시작하자 인정의 기술을 기억해 냈다. 캐런은 애셔에게 다가가서 보이는 그대로 말했다. "애셔, 정말 가기 싫구나. 더 놀고 싶지? 이해해. 하지만 가야 할 시간이야." 애셔는 물론 내키지 않았지만 평소보다 덜 불평하며 떠날 수 있었다. 엄마가 자신을 보고 듣고 있다는 사실을 느낄 수 있었기 때문이다. 애셔의 감정은 존중받았다. 이처럼 인정은 '난 널 보고 있어.'라는 의미를 전달한다.

우리의 감정 인정하기

감정을 인정하는 일은 매우 중요하다. 아이와의 관계에서 짜증이 나는가? 보이는 그대로 소리 내어 말하자. "나 지금 기분이 몹시 안 좋아."라고 말이다. 단순한 인정만으로도 큰 안도감을 주며 우리가 느끼는 감정을 아이에게 전할 수 있다. 윈윈 전략이지 않은가? 부모의 기분이 조금 나아질 뿐 아니라 아이에게 건전한 감정 지능의 본보기를 보일 수도 있다.

분노는 다른 감정이 점점 고조된 결과, 격분에 이르러 표출된 경우가 많다(이에 대해서는 CHAPTER 2에서 더 자세히 다룰 것이다). 인정을 연습하면 분노를 다스릴 수 있다. 내가 딸에게 "나 지금 정말 속상해."라고 솔직하게 말하면 그 말만으로도 격렬해진 내 감정이 다독여지고 한 걸음 물러날 수 있는 여유 공간이 생겨난다.

그러나 우리는 대개 분노를 억누르려고 한다. 감정을 억누르면 어떻게 될까? 공기로 가득 찬 비치볼을 물에 밀어 넣는 상황을 떠올려 보자. 얼마 지나지 않아 이전보다 더 세게 튀어 오를 것이다. 감정을 억누르는 대신 본 그대로 말하는 연습을 하자. 그러면 사려 깊고 이성적인 의사 결정을 하는 전두엽 피질을 끌어들여서 쌓인 감정의 압력을 해소할 수 있게 될 것이다.

명상에서 인정하기

마음챙김 명상을 하면 우리는 현재의 사고와 감정과 감각을 인정할 수 있게 된다. **어떻게 되어야 한다**는 생각을 강요하기보다 매 순간 주의를 환기함으로써 명상에 이를 적용해 본다. 스트레스를 느끼거나 화가 난다면 그 사실을 인정하고 그 감정을 내버려 둔다. 신체적으로 불편함을 느낀다면 사실을 부인하거나 고통을 겪지 말고 사실 자체를 인정한다. 명상을 실행하는 도중 미래에 대한 걱정이 떠오른다면 그 역시 인정하자.

실제로 어떻게 적용할 수 있을까? 그저 눈에 보이는 그대로를 마음속으로 말하면 된다. 명상에서는 이를 '알아차림'이라고 부른다. 나는 명상하는 동안 그날 해야 할 일을 머릿속으로 계획하고 있다는 사실을 문득 깨달을 때가 많다. 그럴 때면 마음으로 '계획'을 메모한다. 불안을 느끼고 있다는 사실을 깨달으면 '불안해함'이라고 마음으로 메모한다.

인정을 통한 안도감을 경험하고 싶으면 명상 중이나 일상생활 중 알아차림을 연습해 보자. 다음 실천 과제는 일상생활에서 적용할 수 있는 방법을 요약한 것이다.

실 천 과 제

인정

지금부터 며칠간 나 자신과 아이를 위해 본 그대로 말하는 연습을 한다. 이를 통해 현재의 순간에 집중하고 실제로 무슨 일이 일어나는지 인정할 수 있다.

1 내 안의 감정에 집중하기 위해 마음을 들여다본다. 그리고 보이는 그대로 말한다. 기분이 언짢은가? 피곤한가? 그러면 "난 지금 기분이 언짢아."라고 말하자.
2 아이에게 어떤 일이 일어나고 있는지 주목하기 위해 보이는 그대로 말한다. 아이의 감정을 말로 인정한다. "그만해야 할 시간이라서 속상하구나? 잠자리에 들 시간이지만 아직 자기 싫은 거지?"

인정을 연습하면서 여러분이 느끼는 바와 함께 다른 사람들이 어떻게 반응하는지 주목하자. 관찰한 내용은 다이어리에 기록한다. 긍정적인 변화가 보인다면 새로운 습관이 제대로 자리 잡게 될 것이다.

부정적인 생각 인정하기

인정은 명상을 하지 않는 동안 우리를 힘들게 하는 생각을 다른 시각으로 보는 데에도 도움이 될 수 있다. 생각은 우리의 관심을 사로잡는 정신적 표현 혹은 그림이다. 이 생각들은 진실일 수도 있고 진실이 아닐 수도 있지만 우리가 삶에서 가장 의미 있는 현재에 주목하는 데 방해 요소로 작용할 때가 많다. '나는 나쁜 부모야.'와 같은 부정적인 생각은 우리를 함정에 빠트리고 부정적인 성향의 덫에 가둔다.

우리를 지배하도록 내버려 두는 대신 적극적으로 나서면 이런 부정적인 생각을 떨쳐 버릴 수 있다. 어떻게 하면 될까? '나는 …

이라고 생각하고 있다.'라는 문구를 부정적인 생각에 결합한다. 이렇게 인정하면 도움이 되지 않는 생각으로부터 어느 정도 거리를 둘 수 있고 현재의 순간에 주목할 수 있다.

부정적인 생각에 사로잡히면 아이에게 주의를 기울이는 일처럼 우리에게 중요한 일을 하기 어렵다. 쓸데없는 생각에서 벗어나기를 습관으로 만들자.

인지하고 인정하는 습관은 가정의 문화를 전환하는 강력한 도구가 될 수 있다. 눈에 보이는 대로 말하는 습관을 세우자. 명상을 실행하는 중 아이와 우리의 감정에 어떤 일이 실제로 일어나고 있는지 인정하기 시작하면 제대로 분명히 볼 수 있게 된다. 마음챙김을 통해 이제 무엇을 말할지 선택할 수 있는 여유를 얻게 될 것이다.

부정적인 생각에서 벗어나기

'나는 별로야!', '나는 나쁜 부모야!'와 같은 생각은 우리의 관심을 끌어 아이와 함께하는 현재에 집중하지 못하고 산만해지도록 만든다. 부정적인 생각은 현명한 선택을 내리지 못하도록 방해한다. 이런 쓸모없는 생각을 인정으로 차단함으로써 마음챙김을 일상에 적용할 수 있다. 이렇게 해 보자.

1 바쁘거나 마음에 여유가 없고, 신경이 날카롭거나 우울할 때는 그 상황에 주목한다. 우리가 느끼는 감정이나 감각의 기저에 '나는 이걸 진짜 못하는구나!' 혹은 '내 아이가 무언가 잘못된 걸까?'와 같은 숨겨진 생각이 있으면 그 생각에 주목한다.

2 쓸데없는 생각에 마음속으로 '나는 …이라고 생각하고 있다.'와 같은 문구를 붙인다. 예를 들어, '**나는** 아이에게 제대로 된 부모 노릇을 하고 있지 않다는 **생각을 하고 있다.**'라고 표현하는 것이다.

3 호흡한다. 생각을 정리한 뒤 다음 행동을 선택한다.

부정적인 생각에서 벗어난다고 해서 부정적인 생각이 영원히 사라지지는 않을 것이다. 우리의 머리는 계속 이야기를 전할 것이기 때문이다. 하지만 부정적인 생각에서 벗어나면 조금 더 신중하게 다음 행동을 선택하는 데 도움이 된다.

반응성을 낮춘
육아를 위한 기초

반응적일 때 우리는 최악의 부모가 된다. 스트레스 반응이 뇌의 이성적이고 사려 깊은 부분을 거치지 않으면 서투른 명령과 협박, 고함이 입에서 터져 나온다. 그러면 아이들은 부모에게서 멀어지고 결국 장기적 관점에서 보면 부모에게 협조할 가능성은 더 낮아진다.

즉각적인 스트레스 반응은 비상 상황에서는 도움이 될지 모르지만 우리 대부분은 스트레스 반응을 진정시켰을 때 훨씬 더 효율적인 사람, 사려 깊은 부모가 된다. 마음챙김 명상이 아주 조금씩 반응성을 낮추는 근육을 단련하는 데 도움이 된다는 사실은 앞서 말했듯이 다양한 연구 결과로도 증명되었다. 마음챙김 명상이 기초적인 기술인 이유는 바로 여기에 있다. 마음챙김 명상은 삶의 모든 영역에서 우리가 더 명확한 선택을 내릴 수 있도록 도와준다.

마음챙김이나 초심자의 마음을 수행하면서 완벽해질 필요는 없다. 하지만 이런 기술이 부모인 우리의 경험을 어떻게 전환하는지 주목해야 한다.

CHAPTER 2에서 우리는 자기 인식을 조금 더 깊이 들여다보고 우리가 길러진 방식과 지금 우리가 아이를 키우는 방식을 이해하게 될 것이다. 반응성을 자극하는 요소를 파악하고 상황이 격해질 때 부모가 차분함을 되찾는 데 도움이 될 만한 도구를 얻게 될 것이다.

우선 실천을 통해 이 과정을 단순한 지적 활동을 넘어서는 경험으로 만들자. 충분히 가능한 일이다!

✓ 마음챙김의 자세로 건포도 먹기

✓ 일주일에 4일에서 6일 정도, 하루 5분에서 10분 동안 정좌 마음챙김 명상 실
  천하기

✓ 마음챙김 활동 매일 실천하기

✓ 초심자의 마음 연습하기

✓ 인정 실천하기

✓ 부정적인 사고에서 벗어나기

"자녀의 행복을 가장 잘 예측할 수 있는 요건은
부모의 자기 이해다."

— 대니얼 J. 시겔Daniel J. Siegel

반응성 자극제
제거하기

우리는 부모로부터 우리 아이에게 전하고 싶은 많은 장점을 물려받았다. 예를 들면 창의력, 용기, 개방성, 솔직함, 그리고 어머니의 특별한 팬케이크 레시피 같은 것들이다. 그렇다면 혹시 반응성은 어떨까? 폭발적 분노는? 아마도 절대 아이에게 전하고 싶지 않을 것이다.

명상을 실천하는 습관을 들이면 반응성은 시간이 지남에 따라 줄어든다. 나 역시 폭발적으로 쏟아 내는 분노를 다스리는 과정에서 명상의 도움을 많이 받았다. 물론 여러분도 몸속 깊은 곳에 숨어 있는 '보살'을 찾아낼 수 있을 것이다. CHAPTER 2에서는 왜 반응성이 자극되는지 이해하는 데 도움이 될 실천법을 공유하고자 한다. 또한 실용적인 차원에서도 아이에게 덜 소리 지르는 방법에 관해 이야기하려고 한다. 더불어 감정이 격해졌을 때 긴장을 다스리고 반응성을 낮추는 방법을 알아보자.

01

아이들은 부모의 문제를
끄집어낸다

부모가 되고 나서 초기에 우리는 마치 제정신을 잃은 사람처럼 느낀다. 극심한 심리적 압박을 받기 때문이다. 부모와 자녀의 관계로 다시 돌아가는 이때 우리는 스스로가 어린 시절로부터 얼마만큼의 짐을 짊어지고 왔는지 알아채기가 무척이나 어렵다.

딸이 말을 듣지 않을 때 내 머릿속에는 어렸을 때 내 말을 제대로 들어 주지 않았던 어머니와 나 사이에 풀리지 않은 문제가 떠올랐다. 하지만 당시에는 이런 상황을 파악할 수 없었다. 그때는 태어나서 한 번도 경험한 적 없다고 느낄 만큼 강한 분노를 느꼈다. 무엇이 분노를 자극하는지 이해하기 위해 철저한 분석 작업을 거치기 전까지만 해도 나는 딸에게 책임을 돌렸다. 얘는 뭐가 잘못된 걸까? 얘는 왜 말을 안 듣는 거지? 나는 모든 게 딸의 문제라고 확신했다. 내가 딸의 행동을 바로잡을 수 있으면 모든 상황이 순탄해지리라 기대했다. 내 생각이 맞았을까?

아이는 마치 어린 영적 지도자인 것처럼 부모의 해결되지 않은 문제를 드러내는 신기한 능력을 지니고 있다. 갑자기 미칠 것처럼 느껴지는 순간이 찾아온다면? 그 상황은 부모 자신의 문제다. 혹시 인간적으로 크게 성장하고 싶은가? 그렇다면 산꼭대기에서 홀로 몇 년을 지내는 것보다 미취학 아동을 6개월간 돌보는 편이 훨씬 효과적일 것이다. 육아는 깨달음을 얻는 지름길을 걷는 수행인지도 모른다.

모든 비난은 제쳐 둔 채 우리가 아이를 키우면서 경험하는 어려움과 도전을 오래된 상처를 치유하는 기회로 삼는다면 큰 도움을 얻을 수 있다. **내면의 상처를 치유하면 부모는 아이가 상처받을 때 더 편안한 존재가 되어 주고 아이를 위해 존재감을 드러낼 수 있다.** 오래된 상처를 치유하면 부모는 아이에게 동정심으로 가득한 굳센 울타리가 되어 줄 수 있다.

CHAPTER 2의 도입부에서 나는 "자녀의 행복을 가장 잘 예측할 수 있는 요건은 부모의 자기 이해다."라는 대니얼 시겔 교수의 말을 인용했다. 우리가 왜 이토록 반응적으로 —내면에 자리잡은 패턴과 상처가 자극되어— 행동하는지 이해하게 되면 내면의 상처가 치유되기 시작하며 역기능적인 가족 패턴을 반복하지 않고, 다른 생활 방식을 선택할 수 있게 된다는 의미다. 또한 무의식적으로 부모 자신의 짐을 아이에게 전하는 일을 피할 수 있다.

대니얼 시겔 교수와 부모 교육 전문가 메리 하트젤Mary Hartzell은 2014년, 공동으로 집필한 저서 《뒤집어 본 육아Parenting from the Inside Out》에서 이 개념을 매우 잘 설명했다.

> 부모에게 해결되지 않은 문제가 갑작스럽게 출현하면 자신을 이해하거나 자녀와 상호작용하는 방식에 직접적으로 영향을 줄 수 있다. 해결되지 않은 문제가 우리의 삶 전체를 지배한다면… 더 이상 어떤 방식으로 자녀를 양육하고 싶은지 사려 깊은 선택을 내리기 어려워진다. 결국 과거 경험을 바탕으로 반응적인 행동을 하게 된다. …실제로는 자신의 내적 경험이 문제가 되는 상황에서도 자녀의 행동으로 내부의 분노가 자극되고 있으면 자녀의 감정과 행동을 통제하려고 든다.

우리 대부분은 아이의 말이나 행동에 지나치게 반응했던 경험을 수없이 되풀이했을 것이다. 나 역시 이런 적이 많았다. 모두 마찬가지일 것이다.

● 부모의 문제를 분명히 들여다보기

분노가 시작된 원인을 이해하면 부모는 조금 더 사려 깊은 태도로 반응할 수 있게 된다. 우리가 전혀 인지하지 못한 상태에서는 과거의 상황을 기반으로 반응한다. 입에서 우리 어머니나 아버지의 목소리가 튀어나오는 것이다.

예를 들면 어린 시절부터 항상 예쁘고 깨끗한 모습을 유지해야 된다는 말을 들으면서 자란 부모는 딸이 맨발로 진흙탕을 뒹굴고 신나게 얼굴에 흙칠을 하는 모습에 왜 자신이 자제력을 잃는지 이해하게 될 것이다. 이런 불편한 감정은 우리의 문제지 아이의 문제가 아니라는 사실을 이해한다면 자제력을 발휘하게 되며, 아이에게 수치심을 유발하고 책임을 돌리는 낡고 해로운 패턴을 피할 수 있게 된다(이때 느리고 깊은 심호흡이 필요하다!).

명상과 더불어 CHAPTER 2에서 익힐 실천법이 더해지면 현재의 순간에 집중해 신중하게 반응하는 상황과 과거에 얽매여 반응하는 경우를 구분할 수 있게 된다. 자기 인식이 향상되면 양육은 반드시 더 쉬워진다. 우리의 반응이 스스로에게서 시작된다는 사실을 이해하면 아이를 키우면서 대면하는 수많은 상황에서 한 걸음 물러날 수 있다. 주스를 쏟은 아이를 큰소리로 야단치는 대신 크게 심호흡하거나 잠시 산책하러 나가서 평정을 되찾을 수 있다. 하지만 우리는 모두 양육을 하면서 자각하는 순간과 자각하지 못하는 순간이 있음을 기억해야 한다. 이는 매우 정상적이다. 우리의 목표는 매일 조금씩 자기 인식을 높이는 것이다. 갑자기 깨달음을 얻고 완벽한 부모가 되리라고 기대하지는 말자.

| 샘의 이야기 |

대학 입학 사정관으로 일하던 샘은 두 살 된 딸과 갓 태어난 아들을 돌보기 위해 육아 휴직 중이었다. 어느 날 오후 샘은 부엌 바닥 이곳저곳에 엎질러진 주스를 닦다가 화가 치밀었다. '집 청소에 시간과 돈을 낭비하고 있는 게 정말 믿어지지 않아! 딸은 잘못했다고 말도 안 했어!'라고 생각했다.

어린 시절을 되돌아보는 연습을 실행하면서 샘은 과거 성장기의 상처가 자신의 감정과 행동을 지배하고 있었다는 사실을 깨달았다. 샘을 자극한 원인은 바로 '완벽주의'였다. 샘의 부모님은 늘 용모 단정한 상태가 얼마나 중요한지 강조했다. 샘은 겨우 두 살인 딸이 주스를 쏟은 일에 자신이 얼마나 지나치게 반응했는지 느낄 수 있었다. 어린 시절을 되돌아보면서 샘은 자신의 분노는 스스로의 문제에서 발단되었다는 것을 이해했다.

샘은 또한 딸이 자신이 말하는 대로 즉각 반응하지 않을 때 부모님에게 외면받았던 예전의 상처가 되살아난다는 걸 알아차렸다. 자신이 어린 시절에 부모님에게 무시당하거나 관심받지 못한다고 느꼈다는 사실을 이제야 깨달은 것이다.

문제의 원인을 찾는 시간을 가진 후 샘은 자라는 동안 내내 가족들로부터 '지나치게 예민'하게 굴지 말고, 조금 더 '강해지라'는 말을 끊임없이 들었다는 사실도 기억해 냈다. 과거의 해결되지 않은 감정으로 인해 지나치게 공격적이고 짜증스럽게 반응했던 것이다. 그는 자신의 문제가 해결되지 않은 채 무의식에 남겨진다면 딸에게 자신의 짐을 고스란히 물려줄 수밖에 없다는 사실을 깨달았다.

내면의 상처와 원인을 내버려 둔 채 돌보지 않으면 줄곧 계속되어 온 습관에 따라 반응할 것이고, 자신의 상처를 아이에게 그대로 전하게 될 것이다. 내면의 상처를 인지하면 자신의 짐을 다음 세대에게 물려주지 않고 스스로 해결할 수 있다. 내면의 상처를 들여다볼 기회를 우리 자신 뿐만 아니라 다음 세대의 상처를 치유할 기회로 삼자.

● 우리의 어린 시절 되돌아보기

내 부모와 조부모의 육아 방식을 반복할 필요는 없다. 자신의 성장기를 자세히 들여다보면 과거의 한계를 넘어서는 데 도움이 된다. 되돌아보면 자녀에게 물려주고 싶은 긍정적인 면이 많을 수도 있겠지만 힘든 성장기를 보낸 이들도 많을 것이다. 과거의 상처와 고난은 반응성의 촉매가 되었을지 모르지만 한편으로는 지금 당신이 강인함과 탄력성을 가진 사람으로 자라는 데 바탕이 되었을지도 모른다. 스스로를 더 깊이 인식하면 스스로와 타인을 향해 더 진한 연민을 느낄 수 있고 맹목적으로 과거를 되풀이하는 대신 새로운 삶의 방식을 선택할 가능성을 열 수 있다.

지금부터 제시하는 실천법은 우리의 어린 시절 경험이 어떤 방식으로 영향을 끼쳤는지 이해하는 출발점이 되어 줄 것이다. 이 단계를 건너뛰고 싶다는 유혹에 빠지지 말자. '나는 이미 내 어린 시절을 충분히 되돌아보았으니 이 단계는 건너뛰어도 괜찮아.'라고 생각할 수 있다. 하지만 그렇지 않다. 과거를 탐구하는 과정에서 얻은 명확성을 통해 스스로에 대한 새로운 사실을 배울 수 있다.

우선 꼭 기억해야 할 점이 있다. 자신을 더 잘 알고 과거나 현재의 단점을 더 잘 이해하게 되는 과정에서 스스로를 수치스럽게 생각하거나 비난하는 일은 도움이 되지 않는다는 점이다. 배움을 진행하는 동안 스스로를 향해 친절하고 연민하는 태도를 기르자.

질문에 답하면서 얻게 되는 통찰력, 신뢰할 수 있는 이와 그 내용을 공유하는 경험은 자신을 이해하는 데 도움이 될 것이다. 문제가 너무 많다고 느껴지더라도 절망하지 말자! 어린 시절에 있었던 일은 당시에는 거의 이해할 수 없었더라도 성인이 된 후에는 이해할 수도 있고, 또한 우리에게 어떤 영향을 끼쳤는지 깨닫게 될 수도 있다. 과거의 상처를 해결하는 일은 그와 관련된 괴로운 감정을 마주해야 한다는 의미가 될 수도 있다.

우리는 어떻게 양육되었을까?

다음 질문에 대한 답을 기록하면서 자신의 행동을 더 명확히 이해하고 자녀와의 관계를 조금 더 선명히 관찰할 수 있게 될 것이다. 이 과정은 매우 심오하고 감정을 자극하는 작업일 수 있다. 산책도 좋고 하룻밤 자면서 생각하는 방법도 좋으니 질문을 충분히 이해할 수 있도록 시간을 가진 다음 얻은 결론을 기록한다. 신뢰할 수 있는 친구나 상담가와 함께 기록한 내용을 이야기해도 좋다.

· 가족은 어떻게 구성되었으며 그들과 함께한 성장기는 어땠는가?
· 유아기에 부모와의 관계는 어땠는가? 시간이 지나면서 관계는 어떻게 변했는가?
· 부모로부터 거부당하거나 위협을 느낀 적이 있는가? 어린 시절 괴롭다고 느낀 경험이 있는가? 혹시 있으면 그런 경험이 삶에 계속해서 영향을 주고 있는가?
· 어린 시절 부모의 훈육 방식은 어땠는가? 여러분은 그 훈육 방식에 어떻게 반응했는가? 그 방식은 지금 부모가 된 여러분에게 어떤 영향을 미치고 있다고 생각하는가?
· 최초로 부모와 분리된 경험을 떠올릴 수 있는가? 그때 부모님은 어땠는가? 부모와 오랫동안 떨어져 지낸 적이 있는가?
· 여러분이 속상해하거나 실수를 저질렀을 때 부모는 어떤 반응을 보였는가? 부모의 태도에 여러분은 어떤 감정을 느꼈는가? 부모는 어떤 말을 했

는가? 여러분이 행복하거나 흥분했을 때 부모의 반응은 어땠는가?

· 어린 시절의 경험이 성인이 된 후 여러분의 인간관계에 어떤 영향을 주었는가? 어린 시절의 경험 때문에 특정 방식으로 행동하지 않으려고 노력한 적이 있는가? 변화를 주고 싶은 행동 패턴이 있는가?

· 성장기는 성인이 된 여러분의 삶 전반, 여러분이 생각하는 방식, 아이와의 관계 등에 어떤 영향을 미쳐 왔는가? 여러분이 자신을 이해하는 방식, 다른 이들과의 관계에서 어떤 부분에 변화를 주고 싶은가?

위 질문에 답하면서 괴로운 감정을 다루는 방법이 제시된 CHAPTER 4를 참고하는 것도 좋다. 편지를 써서 오랜 상처와 이별하는 방법도 괜찮다. CHAPTER 7에 있는 '새로운 시작의 편지'의 템플릿도 진정한 치유를 도울 수 있다.

이 문제들을 들여다보고 여러분의 삶에 어떤 영향을 미쳤는지 이해할 준비가 되었으면 치유와 성장은 이미 시작된 것이나 마찬가지다. 다음으로 아이를 키우면서 곤란한 순간에 대처하는 방법을 들여다보고자 한다.

02

우리를 자극하는 원인
길들이기

딸이 두 살 정도였을 무렵 내 분노는 시작되었고, 심각한 죄책감을 느꼈다. '이 순수한 아이에게 화를 내다니 나는 문제 있는 사람 아닐까?' 우리 대부분은 화를 내는 건 나쁘고 (특히 여성은) 화를 내면 안 된다고 믿으며 자라 왔다. 하지만 강렬한 감정을 느끼는 스스로를 탓하는 건 매우 안타까운 행동이다. 마치 호흡한다는 이유로 누군가를 비난하는 일과 같다. 살아 숨쉬면서 감정을 느끼지 않고는 살 수 없다. 분노 같은 힘든 감정도 포함된다. 아기와 인간 외의 포유류는 물론이고, 파충류마저 분노를 느낀다! 그러므로 화를 느끼는 자신을 비난하지 말고 그 감정을 이해하자.

● 분노의 불길 이해하기

분노는 인간의 가장 강한 감정 중 하나이며 내적·외적 영향력은 엄청나다. 진화의 관점에서 들여다보면 분노는 우리를 좌절시키는 장애물을 제거하는 기능을 한다. '이 상황에서는 무언가 바뀌어야 한다!'라는 사실을 알려 주기 때문이다. 분노는 행동과 변화의 강력한 동기 요인이 되며 이는 매우 유용하다.

분노에는 잠시 동안이나마 우리를 사로잡는 흥미로운 특징이 있다. 분노에는 '불응기不應期, refractory period(한 번 자극을 받은 근육이나 신경 따위의 조직이 연속되는 자극에 반응을 나타내지 않는 짧은 시기)'가 있는데 불응기 동안 얻는 모든 정보는 우리가 느끼는 감정을 강화하고 정당화한다. 이런 까닭에 몇 분 혹은 몇 시간 동안 감정에 '눈이 멀게' 된다. 대개 분노의 에너지는 외부로 분출되기 때문에 우리는 비난하고, 공격적으로 행동하고, 벌을 주고, 보복한다. 분노의 대상이 지닌 단점을 과장하며 장점을 보려고 하지 않는다. [5]

분노는 2차 감정 또는 '빙산과 같은 감정'이라고도 불리는데 분노의 기저에 두려움, 슬픔, 당혹감, 거부감, 비난, 스트레스, 극심

---

5) 〈내면의 격렬한 분노 길들이기Taming the Raging Fire Within〉. 마가렛 컬런Margaret Cullen, 곤잘로 브리토 폰즈Gonzalo Brito Pons. 2016

한 피로, 불안 등의 다양한 감정이 존재하기 때문이다. 따라서 아이가 공공장소에서 함부로 행동할 때 느끼는 당혹감이 화를 일으키고 반응성을 자극하며, 결국 그 패턴은 가족 내에서 여러 세대에 걸쳐 영구화되어 전달된다.

어린 시절 우리에게 각인된 생각과 믿음이 분노를 불러일으킬 수 있다는 사실을 이해하는 일은 매우 중요하다. '아이는 부모의 말에 복종해야 한다.', '아이가 부모를 존경한다면 부모의 말을 들을 것이다.'처럼 문화적으로 공인된 관념으로 인해, 우리는 아이와 함께하는 다양한 상황에서 크나큰 불편함을 느끼면서도 그 사실을 인지하지 못하는 경우가 많다. CHAPTER 2의 서두에 제시한 '부모님이 어떤 방식으로 훈육했는가?'라는 질문은 이러한 무의식적 관념을 발견하는 데 도움이 된다. 마음챙김 수행으로도 분노의 근원이 되는 잠재의식을 비롯해 스스로의 생각에 대한 포괄적 인식 수준을 높일 수 있다.

● 소리 지르기
: 결국 문제가 되는 해결책

아이에게 화가 나거나 감당하기 힘들 때 대부분은 소리를 지르고 만다. 특히 어릴 적에 부모님이 상황을 통제하거나 당신을 지배하기 위해 고함을 질렀다면 당신도 아이에게 소리를 지를 가능성이 매우 크다. 하지만 소리를 지른다고 해서 상황이 해결되는 경우는 거의 없다. 고함을 쳐서 아이를 조용하게 하거나 일시적으로 순종적이게 만들 수 있더라도 장기적인 관점에서 보면 아이의 행동이나 태도를 바로잡기는 어렵다.

소리를 지르면 그 즉시 아이의 뇌에서 공포를 관할하는 중심부가 자극받으며 CHAPTER 1에서 살펴보았던 스트레스 반응을 유발한다. 고함은 대뇌변연계에 비상벨을 울려서 아이는 긴장하고 자기방어적으로 행동하게 된다. 그 상황에서 아이는 배우지 못하고, 스트레스 반응은 뇌의 상부를 지나치며, 결국 저항하고 말대꾸하며 후퇴하거나 달아난다. 아이는 그 순간 '못되게 행동'하는 게 아니라 스트레스 반응을 경험하고 있다는 의미다.

스트레스 반응 때문에 아이는 가만히 앉아 있거나 집중하거나 배우지 못 한다. 아이가 행동을 변화하는 방법을 배우길 원한다면 소리치는 방법은 역효과를 낳는다는 걸 깨달아야 한다. 그뿐 아니라 고함이 아이를 육체적·언어적으로 더 공격적인 성향으로 만든다는 사실은 연구 결과를 통해 밝혀졌다.[6] 따라서 고함이 아이의 행동에 미치는 결과는 단기적·장기적 관점에서 전부 해롭다.

---

6) 〈부모 규율 관행에 관한 국제 표본Parent Discipline Practices in an International Sample〉. 거쇼프 Gershoff 외. 2010

부모가 소리를 지르면 아이와의 관계가 어그러진다. 부모와 아이의 관계가 끈끈하고 친밀하면 아이는 부모에게 협조적인 태도를 보이지만 고함은 아이가 더 현명한 선택을 내리도록 성공적으로 지도하는 부모의 능력을 약화한다. 부모가 자주 소리를 지르면 아이는 서서히 부모를 원망하게 될지 모른다. 결국 아이도 부모에게 소리를 지르거나 형제, 친구 등 가까운 사람에게 소리를 지를 수 있다. 소리를 지르는 행동이 원하는 바를 얻는 방법이라고 생각하게 되기 때문이다. 또한 안타깝게도 아이는 부모가 자신을 사랑하지 않기 때문에 소리를 지른다고 생각하기도 해서 결국 자존감이 낮은 사람으로 평생을 살아갈지도 모른다.

그렇지만 지나친 걱정은 하지 말자. 고함을 질렀다고 아이와의 관계가 훼손되었을 가능성은 희박하다. 우리는 인간이므로 소리를 지를 때가 있고 앞으로도 마찬가지일 것이다. 하지만 소리 지르기에 관한 문제를 더 잘 인지할수록 덜 소리치게 된다. 마음챙김 명상을 실천한다면 반응성이 줄어들면서 소리를 덜 지르게 될 것이다. 연습하면 더 강해진다는 사실을 기억하자.

● 우리를 자극하는 원인 파악하기

CHAPTER 1에서 살펴본 대로 우리(와 우리의 신경계)는 위협을 인지하도록 수천 세대에 걸쳐 진화한 인간의 산물이다. 우리는 어려운 상황을 맞닥뜨렸을 때 신경계가 반응하는 걸 스스로 선택할 수 없다(대부분 소리를 지르겠다고 선택하지 않는다). 게다가 **기억조차 하지 못할** 어린 시절의 사건들은 감정적인 반응을 유발해, 뇌의 이성적 능력을 제압하고 대뇌변연계를 무력화시킨다.

감정에 대한 우리의 반응은 실용적이면서도 역기능적이다. 만약 분노를 경험하고 난 다음 사회봉사에 헌신할 사람들을 모으는 데에 에너지를 사용한다면 우리의 반응은 매우 기능적이라고 말할 수 있을 것이다. 하지만 대부분이 그렇듯이 우리가 스스로나 다른 사람들에게 상처를 주면 분노는 역기능적 측면에서 작동한다. 과거의 트라우마를 모티브로 해서 쓰인 대본에 자극된 채 반응한 것이기 때문이다.

따라서 왜 자극받았는지 이해하면 상황에 유연하게 대처하는 데 도움이 된다. 아이가 누른 '버튼'이 무엇인가? 지금부터 제시하는 과제를 통해 무엇이 자신의 분노를 자극하는지, 습관적으로 분노에 어떻게 반응하는지 살펴보자.

자극 요인과 반응

무엇이 분노를 자극하는가? 여러분을 자극하는 요인 중 가장 민감한 부분의
목록을 다이어리에 기록해 보자.

① 일반적 자극 요인:

· 오해받았거나 부정당했다는 느낌

· 상황에 대한 통제력 부족

· 누군가 나에게 화가 났다는 느낌

· 존중받지 못하거나 부당하다고 느낄 때

· 소외당할 때

· 피곤하거나 육체적으로 불편함을 느낄 때

분노할 때 여러분은 주로 어떤 반응을 보이는가? 가장 일반적으로 보이는
반응을 나열해 보자.

② 일반적 반응:

· 비난과 원망/비난 또는 원망

· 슬픔과 무기력

· 긴장된 상황에서 벗어나기

· 냉소적이거나 부정적, 공격적 발언

· 다른 이에 대한 모욕

· 시선 회피

· 불쾌한 상황에 관한 이야기 만들기

· 다른 이들을 방해하기

자신에게 나타나는 일반적인 자극 요인과 반응을 찾았다면 일상생활에서 어떻게 드러나는지 주의 깊게 찾아 보자. 예를 들어, 힘든 상황이 계속되는 와중에 '상황에 대한 통제력 부족'을 인식했다면 이미 평소 나타났을 법한 자동 조종 반응을 막고 있다는 뜻이다.

우리를 자극하는 요인과 분노라는 내적 경험을 인지하는 것만으로도 더 빨리 진정하는 데 도움이 된다. 다음 과제를 실행하면서 이런 반응에 대한 인식을 더 확대해 보자.

● 우리를 자극하는 요인 추적하기

한 주를 정해 소리칠 때마다 혹은 소리치고 싶다고 느낄 때마다 기록으로 남긴다. 행동을 고치기보다는 원인 이해가 우선적인 목표다. 어떤 상황이 여러분을 자극하는가? 그 상황은 왜 여러분의 스트레스 반응을 자극하는가? 다이어리에 모은 기록을 통해 얻은 통찰력은 일상생활과 자기 관리 및 환경을 변화시키는 데 도움이 되고, 결국 덜 소리 지르게 만들어 줄 것이다.

셰일라 매크레이스Sheila McCraith는 2014년 출간한 저서 《덜 소리 치고 더 사랑하라Yell Less Love More》에서 자극 요인을 추적하는 과정에 관한 훌륭한 조언을 전한다. 저자는 자극 요인을 추적하는 과정에서 충분한 정보가 있다고 생각되더라도 상세하고 진실하며 열성적으로 임하라고 조언한다. 자극 요인을 추적하는 목적은 패턴과 경향을 보기 위해서다. 인지한다는 사실은 변화를 끌어내기 위한 중요한 기초가 된다.

실 천 과 제

자극 요인 추적하기

한 주를 정해 소리칠 때마다 혹은 소리치고 싶다고 느낄 때마다 기록한다. 각 상황을 기록해도 좋고 도표를 만들어도 좋다. 가까운 곳에 두고 최대한 많은 정보를 수집한다.

추적해야 할 정보:

1 누구에게 소리쳤는가?

2 어떤 일이 있었는가? (표면적 자극 요인)

3 어떻게 느꼈는가? (심리적 자극 요인)

4 피곤하거나 배가 고팠던 사람이 있었는가?

5 어떻게 다르게 반응할 수 있었는가?

얼마나 자주 소리치는지 깨닫고 나면 낙담할 수 있다. 이 연습을 하면서 기억해야 할 점은 **우리는 혼자가 아니며 인간이라면 누구나 강렬한 감정을 느낀다는 점이다. 여러분이 완벽하길 기대하는 이는 아무도 없으며 아이에게도 완벽한 부모가 될 필요는 없다.** 아이는 실수를 저지르고 또다시 시도하는 부모를 통해 성장하고 다시 일어서는 법을 배운다.

03

어떻게 하면
덜 소리칠 수 있을까?

나는 한밤중에 잠을 방해받을 때마다 화가 폭발하기 일보 직전이 되었다. 떼쓰는 아이의 감정을 존중하기 위해 무언가 방법을 찾으려고 했지만 아무것도 찾을 수 없었다. 자신의 니즈가 충족되지 못하면 상대방의 니즈를 충족시키는 일은 더욱 어렵다.

● 전반적 스트레스 줄이기

스트레스 수준을 낮추는 일은 덜 소리치도록 하는 가장 효과적인 방법이다. 잠이 부족하거나 할 일이 너무 많거나 해야 할 일을 계속 서둘러 처리해야 하거나 스스로에 대한 부정적인 생각이 들 때 우리는 아이와의 관계에서 폭발할 가능성이 더 크다.

그런 까닭에 '스스로 만족하는 부모'라는 개념은 매우 교묘하다. 부모가 아이를 위해 자신의 니즈를 계속해서 희생하면 부모와 아이는 모두 패자가 되고 만다. 아이는 무너지기 직전의 상태를 오락가락하며, 현실적이지 못한 부모를 둔 까닭에 손해를 보게 된다. 부모는 자신의 삶을 즐길 수 없을 뿐 아니라 아이 역시 행복한 삶을 살 수 없게 만든다. 다시 말해, 해로운 패턴을 지속함으로써 실질적으로 그 부담을 다음 세대에까지 떠넘기는 것이다.

이 중 여러분의 현실과 너무 가까운 나머지 불편함이 느껴지는 내용이 있는가? 혹시 있으면 '좋은 부모는 자식을 위해 자신을 희생한다.'라는 믿음이 어디에서 출발했는지 기록해 보길 바란다. 아이를 위해 부모의 희생을 강요하는 (무의식적) 믿음을 더 잘 이해할수록 변화를 만들고 새로운 선택을 내릴 수 있다.

자기 관리는 결코 이기적인 행동이 아니라는 점도 강조하고 싶다. 오히려 자기 관리는 부모의 의무다. 자신의 스트레스 레벨을 관리하고 스트레스를 전반적으로 낮출 방안을 도입해야 할 때다.

스트레스 해소법을 다룬 책은 많지만 우선 스트레스 레벨을 전반적으로 낮추기 위해 (마음챙김 명상과 더불어) 해야 할 항목을 간추려 소개한다. 가장 중요한 세 가지 항목은 다음과 같다.

· **규칙적인 운동.** 운동은 신체적·정신적으로 매우 중요하다. 스트레스를 발산하는 분출구를 제공하며 엔도르핀 분비를 도와서 행복감이 전반적으로 높아진다. 자신에게 맞는 방법으로 운동을 즐기자.

· **충분한 수면.** 수면 부족은 일이나 타인과의 관계에 부정적인 영향을 준다. 수면 습관을 개선하는 다양한 방법이 존재한다. 시간 관리 전략을 활용해 이완 요법을 찾는 데 더 많은 시간을 투자하자. 더 쉽게 잠들고 양질의 수면을 유지할 수 있도록 한다.

· **친구나 가족과 시간 보내기.** 사회적 지지는 스트레스를 막는 완충재 역할을 해서 우리를 더 건강하고 행복하게 한다. 친구와 가족은 우리가 슬플 때 기분이 좋아지게 돕고, 혼란을 느낄 때 통찰력을 제공하며, 화나 있을 때 웃음을 준다. 사랑하는 사람과 보내는 시간을 소중히 여기자.

규칙적으로 실행하는 마음챙김 명상은 스트레스를 줄인다. 명상하지 않는 동안에도 불안을 유발하는 생각을 곰곰이 반추하고 현재에 집중하도록 해 도움이 되어 준다. 하루 중 여러 번 혹은 잠들기 전에 짧은 명상을 하면 스트레스를 줄이고 수면을 원활히 취할 수 있다.

수면, 운동, 명상, 친구나 가족과 보내는 시간을 충족시키는 일은 부모로서 행복한 삶을 이끌어가는 데 필수적 요소들이다. 게다가 부모는 아이에게 삶을 어떻게 살아가야 하는지 본보기를 보여 줄 인물이다. 물론 부모는 자신에게 필요한 요소를 갖추는 건 어느 정도 미룰 수 있지만 유아의 경우는 다르다. 또 부모라고 해서 기한 없이 필요한 요소를 얻는 시간을 미룰 수 있는 건 아니다. 우리는 아이가 배우길 원하는 삶을 살아간다. 아이가 건전한 방법으로 스스로를 돌보고 자신의 니즈를 충족시키는 법을 배우고 있는가? 아니면 자존감과 자아 존중감이 부족한 삶을 학습하고 있는가? 여러분의 아이가 무엇을 배우길 원하는가?

● 달아오를 땐 열기를 식혀라

마음챙김 명상과 전반적인 스트레스 완화를 통해 우리는 자극받는 성향을 낮출 수 있지만 그럼에도 불구하고 이성을 잃는 상황은 어쩔 수 없이 도래할 것이다. 그런 순간에는 어떻게 대처해야 할까?

분노는 드러내거나 억누르는 양쪽 모두 대가가 따르는 까닭에 다루기 까다로운 감정이다. 분노를 억누르면 문제는 미뤄지지만 수면 아래에서 조용히 끓어 올라 신체에 엄청난 부담을 준다. 하지만 분노를 발산하면 사랑하는 사람에게 상처를 줄 수 있다는 위험이 존재한다. 어떻게 해야 할까? 다행스럽게도 이 두 가지 말고 세 번째 방법이 있다.

분노는 신체를 통과해야 하는 에너지다. 그런 점을 이용해 마음챙김의 자세로 분노라는 감정이 시작되는 사실을 알아차리고 그 에너지가 우리를 통과해 나가도록 만들 수 있다. 나는 분노의 에너지를 발산하고 신경계를 진정시키는 이 과정을 '분노 돌보기'라고 표현한다.

우리는 자동 조종 반응을 억제하고 새로운 반응을 유도하는 연습을 하게 될 것이다. 새로운 반응을 하기까지 긴 시간이 필요하진 않다. 단 몇 초 혹은 고함치는 시간만큼이면 충분하지만 새로운 반응은 우리가 길러야 할 근육과도 같다. 새로운 방법으로 반응하는 일은 처음엔 힘들지 모른다. 하지만 이를 통해 얻게 될 아이와의 더 돈독한 관계 유지, 아이의 협조로 얻는 결과는 무엇과도 바꿀 수 없는 가치를 지닌다.

한 걸음 물러나기

이성을 잃기 직전 신경계는 위협이나 장애물을 감지한다. 따라서 우리는 그 순간 우리가 안전하다는 사실을 몸과 마음에 알려야 한다. 한 가지 방법이 있다. 그 상황에서 한 걸음 물러나는 방법이다. 잠깐 자리를 비우더라도 아이의 안전이 보장될 수 있다면 아이에게 소리치는 대신 다른 방으로 잠시 자리를 피하는 편이 훨씬 낫다.

딸이 아직 아기 침대를 벗어나지 못했을 만큼 어렸던 시절의 어느 날, 말을 듣지 않는 딸 때문에 거의 폭발하기 일보 직전이었다. 나는 딸을 아기 침대에 눕힌 다음 방에서 나갔다. 그러고는 내 침실로 가서 방문을 닫고 발코니로 나가서 심호흡을 하면서 평정을 되찾았다. 이성을 잃을 상황이라면 그 자리를 벗어나는 것이 현명한 선택이다.

스스로를 진정시키는 말하기

혼잣말로 '지금은 비상 상황이 아니야. 나는 이 문제를 해결할 수 있어.'라고 되뇌면 스스로가 안전하다는 사실을 신경계에 알릴 수 있다. 이런 말을 함으로써 전두엽 피질을 활성화하고 스트레스 반응을 늦춘다. '나는 아이를 돕고 있어.'라고 자신에게 말해서 아이가 위협적인 존재가 아니라는 사실을 신경계에 상기시킨다. 이는 몸을 진정시키기 위해 생각하는 힘을 이용하는 방법이다.

털어 내기

스트레스 반응이 혈압을 높이고 근육의 긴장을 유발하며 신체의 생리학적 체계가 싸울 태세를 갖추도록 만든다는 사실을 기억하는가? 화를 낼 때 분노는 완화되어야 할 체계에 과도한 에너지를 쌓게 만든다. 베개를 때리거나 소리치고 싶다는 유혹에 빠지지 말자. 연습하면 더 강해질 수 있다.

그 대신 화를 털어 버리는 건 어떨까? 에너지를 발산하기 위해 말 그대로 손, 팔, 다리, 몸통을 터는 것이다. 스트레스의 영향을 없애기 위해 하루에도 수차례 몸을 흔드는 동물은 아주 많다. 어린아이들은 이 사실을 알고 있어서 자연스럽게 몸을 흔들고 꿈틀꿈틀 움직여 긴장을 떨쳐 낸다. 약간 어색할 수는 있겠지만 효과는 보장된다. 꿈틀거리는 자신의 모습을 보고 웃을 수 있다면 충분히 보상되지 않을까? 웃음이야말로 분노와 정반대되는 감정이지 않은가?

● 요가 자세 잡기

요가는 신경계를 안정시키는 효과적인 신체 활동이며 호흡법이다. 에너지를 발산하는 간단한 방법은 열기를 낮추고 안정감을 주는 전굴(우타나사나) 자세 취하기다. 서거나 무릎을 살짝 구부린 상태에서 헝겊 인형처럼 몸을 앞으로 접는다. 아기 자세도 좋다. 엎드려서 무릎을 구부린 상태로 발을 모으고 무릎은 벌린다. 몸을 앞으로 숙여서 이마를 바닥에 가까이 대고 팔은 앞이나 옆으로 뻗는다. 이 자세들은 외부와의 관계를 차단해 마음에 집중하도록 만든다. 이때 심호흡을 하면 긴장을 완화하는 데 더욱 도움이 된다.

호흡하기

'심호흡하세요.'는 상투적인 문구지만 꼭 필요한 방법이다. 심호흡은 몸속 산소의 양을 늘리고 신경계에 '모든 상황이 괜찮다.'라는 신호를 전달하며 심장 박동을 늦추고 차분함과 안정감을 준다.

실천 과제

긴장을 풀기 위해 호흡하기

다양한 호흡법이 알려져 있지만 나는 스트레스 반응을 줄이고 휴식과 안정감을 주는 두 가지 호흡법을 제안하고자 한다. 하루 중 어느 때라도 긴장을 완화하고 싶다면 심호흡을 연습하자. 평소에 연습해 두면 힘든 상황이 왔을 때 쉽게 적용할 수 있다.

3단계 호흡:

'완성 호흡'이라고도 부르는 이 호흡은 차분함과 안정감을 유도한다. 들숨과 날숨은 각각 3단계로 나뉘며 사이사이에 짧은 휴식 시간을 둔다.

1 코로 천천히 숨을 들이쉬고 폐 끝까지 공기를 채운다(복부를 가득 채운다). 그대로 멈춘다.
2 공기를 더 들이마셔 가슴을 가득 채운다. 그대로 멈춘다.
3 쇄골까지 공기를 가득 채운다. 그대로 멈춘다.
4 코로 숨을 내쉬고 가슴을 펴면서 쇄골 아래로 숨을 자연스럽게 내쉰다. 그대로 멈춘다.
5 갈비뼈의 긴장을 풀고 숨을 더 내쉰다. 그대로 멈춘다.
6 마지막으로 남은 숨을 전부 내뱉기 위해 배를 끌어당기며 숨을 완전히 내쉰다.
7 4회 혹은 필요하다고 생각되면 그 이상 반복한다.

5에서 8까지 세면서 호흡하기:

호흡을 세면 스트레스 요인에 쏠린 관심이 분산되어 현재의 순간에 집중할 수 있다. 깊은 호흡은 신체에 안정을 가져다 준다.

1 코로 깊게 숨을 들이쉬면서 1부터 5까지 천천히 숫자를 센다.
2 코나 입으로 천천히 1에서 8까지 세면서 숨을 완전히 내쉰다.
3 4회 혹은 필요하다고 생각되면 그 이상 반복한다.

● 나만의 계획 작성하기

어려운 양육의 순간에 대한 반응은 사람들과 그들 각자의 개인적 이야기만큼이나 다양하다. 어떤 이는 화가 났을 때 침착하거나 수동적이고 공격적인 성향으로 바뀌는 부모 밑에서 자랐을지 모른다. 혹은 나처럼 성인이지만 짜증 내고 소리 지르는 패턴을 세대에 걸쳐 반복해 왔을지도 모른다. 우리의 경험은 매우 다양해서 모두에게 통하면서도 덜 소리 지르는 부모가 되기 위한 완벽한 방법은 존재하지 않는다.

다음에 소개하는 연습을 하면 많은 이들이 소리를 지르게 되는 어려운 상황에서 조금 더 능숙하게 반응할 수 있도록 돕는 다양한 도구를 발견할 것이다. 이 책의 PART 2에서 더 구체적인 의사소통 기술을 배우게 되겠지만 우선 다음의 새로운 반응법을 미리 계획하고 결심한다면 덜 소리치는 부모가 될 수 있다.

소리 덜 지르기 계획 작성하기

아이를 대하다가 어려운 상황에 맞닥뜨렸을 때 가장 이상적인 반응에 대한 계획을 미리 작성하자. 선택할 수 있는 요소를 미리 계획하면 화가 났을 때 계획한 대로 실행할 가능성이 매우 커진다. 아래에 제시한 반응 중에서 선택하고 다이어리에 계획을 기록하거나 메모해서 눈에 잘 띄는 장소에 둔다.

· 나 자신에게 안전하다고 말하기. "지금은 비상 상황이 아니야. 나는 이 상황을 해결할 수 있어."

· 나만의 관점을 지킬 수 있도록 만트라 정하기. 폭발하기 직전이라는 생각이 들면 미리 정해 둔 만트라(기도나 명상 때 외우는 주문 또는 주술)를 여러 번 반복한다. 예를 들면 "아이는 내 보물. 아이는 내 보물….", "내가 아이한테 이길 필요는 없지. 아이의 체면을 세워 주는 거야.", "아이를 사랑하잖아." 등을 반복하자.

· 나를 위한 만트라 만들기. 평정심을 유지하는 선택을 내릴 수 있다는 사실을 스스로에게 상기시킨다. 예를 들면 아래와 같다.

"나는 닌자 엄마야."
"아이들이 소리를 지르기 시작하면 나는 더 차분해지지."
"물 한 잔."

"나는 평화를 선택하겠어."

"진정하고, 긴장 풀고, 웃자."

"이건 지나가는 일이야. 심호흡 한 번."

"따뜻한 마음 갖기."

"다 그런 거야."

· 잠시 쉬기. 폭발하기 직전이고 끝까지 참았다고 생각되면 아이를 안전한 곳에 두고 다른 공간에서 잠깐 시간을 보낸다.

· 5에서 8까지 세면서 호흡하기. 5까지 숫자를 세면서 숨을 들이쉰다. 8까지 숫자를 세면서 숨을 내쉰다(앞서 연습한 내용).

· 숨을 길게 내쉰다. 숨을 길게 내쉬면 긴장을 푸는 데 도움이 된다. 하루에 적어도 5~6회 반복해서 실행한다.

· "진정하고, 긴장 풀고, 웃고, 내보내자." 이 문구를 말하면서 편안한 마음으로 호흡하자. 숨을 들이쉬면서 '진정'을 생각한다. 숨을 내쉬면서 '평화'를 생각한다. 숨을 들이쉬면서 '웃자'라고 생각하고, 내쉬면서 '내보내자'라고 생각한다.

· 마음챙김의 자세로 걷기. 천천히 신중하게 걷는다. 호흡하면서 분노와 좌절감을 떨쳐 버린다. 숨을 들이쉬면서 한 걸음 딛고, 숨을 내쉬면서 또 한 걸음 내디딘다. 몸의 긴장을 떨쳐 버릴 수 있도록 조심스럽게 걷는다.

· 선생님과 같은 마음가짐 갖기. 나쁜 행동을 개인적으로 받아들이지 말자. 오히려 배움의 기회로 생각하자. '아이가 배워야 할 점은 무엇이며 어떻게

가르칠 것인가?'라고 스스로에게 질문하자.

· 낮은 소리로 속삭이자. 화난 목소리로 속삭이기는 거의 불가능하다. 속삭이면서 지금의 상황을 웃어넘길 수 있는 부분을 찾게 될지도 모른다.

· 재미있는 목소리를 내거나 캐릭터를 연기하자. 에너지를 모아 로봇이 된 것처럼 행동해 보자.

· 근육을 긴장시키고 풀자. 마음을 진정시키는 데 도움이 될 것이다.

· 아기 자세 취하기. CHAPTER 2의 '요가 자세 잡기'를 참조하자.

· 10분 혹은 24시간 기다리기. 10분을 기다려도 좋고 다음 날까지 미뤄도 괜찮다. 10분 혹은 24시간 뒤 부적절했던 언어와 행동에 대해 아이와 다시 이야기해 보자.

· 다른 어른에게 도움 청하기. 상황에서 벗어나 평정을 되찾자.

이 도구들을 적용하려고 할 때 처음엔 익숙하지 않아서 어색하게 느껴질 것이다. 하지만 '될 때까지 해 보자.'라는 자세를 갖추면 어떨까? 연습할수록 뇌에는 새로운 신경 경로가 생겨날 것이다. 연습할수록 더 강해진다는 사실을 기억하자!

위에 제시한 도구 중에서 서너 가지를 선택해 규칙적으로 연습하면 새로운 반응 습관을 형성할 수 있게 된다. 새로운 계획이 바로 기억나지 않더라도 걱정하지 말자. 우리가 원하는 목표는 인지하는 시점을 조금 더 앞으로 당기는 것이다. 초기에는 이미 소리치고 난 후에야 새로운 계획이 떠오를 가능성이 크다. 이는 지극히 정상적이다. 계속 노력하면 된다. 집 안 곳곳에 메모를 붙여 두자(나는 메모지를 엄청나게 좋아한다). 소리치지 않으려고 계속 노력하고 결심을 자꾸 되뇌고 기억하면 결국 소리치다가 혹은 소리치기 전에 새로운 결심을 떠올릴 수 있게 될 것이다.

분노의 에너지를 돌보고 다른 곳으로 전환할 수 있게 되면 아이와 함께하는 현재에 집중하고 아이의 감정을 챙길 수 있다. 우리가 든든한 존재로 머물며 아이가 감정에 흔들리는 순간에도 함께한다면 인간은 누구나 언짢은 감정을 느낄 수 있고 그것이 잘못된 것이 아니라는 사실을 아이에게 직접 보여 줄 수 있다.

마음챙김 양육 프로그램을 수강했던 밸러리의 사례를 통해 놀라운 결과를 확인해 보자.

| 밸러리의 이야기 |

오늘 세 살짜리 아들이 생떼를 부리기 시작했을 때 내게 '아하!' 하고 깨달음의 순간이 찾아왔다. 아들은 아무거나 부수고 던졌다. 나는 연습한 대로 '나는 아이가 다치도록 내버려두지 않을 거야. 물건을 망가뜨리는 건 안 돼.'라고 나 자신에게 말한 다음 침착성을 유지하면서 아들이 다치

지 않도록 신경 썼다. "나는 널 돕고 있단다."라는 만트라를 외고 있었지만 5분쯤 지나가 다시 화가 나기 시작했다.

나는 아들의 감정을 받아들이지 않고 행동을 판단하던 (내가 잘 알고 있던) 과거의 패턴이 되살아나고 있다는 사실을 깨달았다. 이 상황을 아들이 나를 상대로 벌이는 일이라고 생각한 것이다. 깨달음을 얻자 나는 다시 평정을 회복할 수 있었다.

아들의 짜증은 계속됐고 몇 분이 지나자 나는 분노가 되살아나고 있다는 사실을 파악했다. 그리고 다시 한번 마음을 잡았다. '얘는 왜 이러는 거지? 내가 뭘 잘못한 걸까? 어떻게 하면 좋아질 수 있을까? 내가 무언가 잘못하고 있는 게 틀림없어…'라고 생각은 꼬리에 꼬리를 물었다.

그 순간 갑자기 깨닫게 되었다. 내가 이해해야 할 부분은 없었다. 진심으로 아들과 함께하는 이 순간에 존재하는 것 말고는 아무것도 할 필요가 없었다. 떼쓰는 아들을 판단하려고 하지 말고, 내가 아들을 사랑한다는 사실을 보여 주기만 하면 된다는 사실을 깨달은 것이다. 아들은 점심을 제대로 먹지 못 해서 견디기 힘들 만큼 배고픈 상태였을지도 모른다. 그건 내 잘못이 아니지 않은가! 그냥 받아들여야 할 일이었다. 아들은 불만을 소란스럽게 표현하고 있을 뿐이었다.

나는 스스로에게 끊임없이 질문하고 판단하는 태도 때문에 현재의 순간에 집중하지 못하고 아이에게 반응적 태도를 보였다. 하지만 너무 고민하지 않고 아들의 감정을 인정하는 것만으로 충분했다(나는 '무언가 잘못된 것 같아.'라는 생각을 버리는 법을 배우는 중이다). 그 상황에서 나는 호흡하고, 아들을 있는 그대로 받아들이고 보호하며, 아들이 물건을 망가뜨리지 못 하도록 지켜 주는 일에 집중하기만 하면 되었다.

휴! 나는 잘 이겨 냈고 아들이 진정한 뒤 소파에 앉아 안아 줄 수 있었다.

분노를 다스리게 되면 아이와 더 견고한 관계를 형성할 수 있다. 이런 도구를 잘 다루도록 연습하면 우리 대부분이 갖지 못했던 분노의 에너지를 다스리는 좋은 방법을 아이에게 선물할 수 있다. 격한 감정에 빠진 아이가 자신의 감정에 수치심을 느끼게 하는 대신 아이와 그저 함께 있어 준다면 아이는 건전한 감정 지능 즉, 어떤 감정이든 괜찮다는 생각을 기를 수 있을 것이다. 우리는 가정을 시간이 지날수록 더 평화롭고 안정감 있는 곳으로 변화시킬 수 있다.

04

우리를 자극하는 요인을 해결하고
현재에 더 집중하기

대부분의 사람들은 어떤 상황 때문에 분노가 자극될 때 어떻게 해야 할지 배운 적이 없다. 그래서 불가피하게 분노가 자극되는 일이 생기면 당황할 수밖에 없다. 대부분 부모님이 했던 방법과 비슷하게 대처하고, 결국 소리를 지르거나 이성을 잃는다. 이때 분노를 다스리는 방법을 배우면 큰 힘을 얻을 수 있다. 스스로를 위해 분노를 다스리는 법을 학습하면 아이에게 공감하고, 효과적으로 감정을 관리하는 본보기가 될 수 있으므로 일거양득의 효과를 얻게 되는 것이다.

다양한 관점으로 분노에 접근할 수 있다. 자신의 어린 시절을 이해하면 자신을 자극하는 요인이 어디에서 출발했는지 파악할 수 있다. 전반적으로 너무 많은 스트레스를 받고 있지는 않은지도 확인해야 한다. 지나친 스트레스는 아이에게 소리치는 직접적인 원인으로 작용하기 때문이다. 또한 몸과 마음을 안정시키는 데 유용한 도구를 사용할 수도 있다. 각자의 상황을 돌아보고 자신을 자극하는 요인에 보다 건강한 방법으로 반응할 수 있도록 나만의 계획을 작성해 보자. 그리고 분노로 치닫기 전 자신 혹은 아이가 느끼는 감정을 이해할 도구를 연습해 보는 것도 좋다.

우리를 자극하는 요인은 내부에 깊이 배어 있을지 모른다. 그 요인을 조금 더 신중한 반응으로 전환하려면 상당한 노력이 필요하다. 이러한 변화가 하루아침에 이루어지지 않더라도 절대 실망하지 말자. 아주 조금씩 시간이 지나면서 해결될 것이다. CHAPTER 3에서는 변화를 주도하는 동안 이 연습을 지속하는 데 필요한 마음가짐에 대해 논의하고자 한다. 우선 다음의 사항들을 다시 점검해 보자.

이번 주의 실천 과제 ::

✓ 일주일에 4일에서 6일, 하루 5분에서 10분간 정좌 명상하기

✓ 우리를 자극하는 요인 추적하기

✓ 긴장을 완화하기 위해 호흡 연습하기(3단계 호흡, 5에서 8까지 세는 호흡)

✓ 나만의 덜 소리 지르기 계획 만들기

"어떤 식으로든 자신에게 연민을 느끼게 되면
행동에 대한 책임감으로부터 해방될 수 있다.
자신에 대한 연민으로 우리는 자기 혐오에서 해방되며
명료하고 균형 있는 태도로 삶을 대할 수 있게 된다."

― 타라 브랙Tara Brach

나부터 공감 실천하기

화창한 어느 가을, 두 살짜리 딸의 낮잠 시간이었다. 나는 끝내야 할 일이 있었기 때문에 딸이 금방 잠들기를 기대했다. 하지만 그런 행운은 없었다. 딸이 계속 징징댔다. 아이가 아래층으로 내려오면 내가 다시 위층으로 데리고 올라가는 일이 계속 반복되었다. 아이는 분명 지쳐 있었고 낮잠을 자야 했다. 아이의 낮잠은 내게도 꼭 필요했다. 나는 화가 나기 시작했다. 위층에 올라간 딸은 물건을 던지기 시작하더니 급기야 방에서 뛰쳐나오고 말았다. 지친 나머지 몸을 부들부들 떨면서 2층으로 올라가던 나는 절망감을 느꼈다. 나는 아이의 팔을 잡고 침대에 눕히려고 했지만 너무 힘들었다. 아이는 분명 공포를 느끼고 있었다. 거친 손에 붙들린 딸의 작은 팔을 느끼며 문득 '세상에, 부모가 이런 식으로 아이에게 상처를 주는 거였구나.'라는 깨달음을 얻었다. 겁에 질린 아이의 팔을 놓으며 눈물범벅이 된 채로 방을 나갔다.

눈물을 수습하면서 '나는 대체 뭐가 잘못된 걸까? 어떻게 이런 행동을 할 수가 있지? 나는 정말 나쁜 엄마야.'라는 가혹하고 쓰라린 생각들이 꼬리에 꼬리를 물었다. 다른 사람에게는 절대 하지 않을 말을 스스로에게 쏟아 냈다. 그것이 내게 도움이 됐을까? 전혀 아니다. 오히려 나는 약해졌고 고립되었으며 무기력해졌다.

우리 내면의 목소리는 중요하다

실수를 저지르고 난 뒤 스스로에게 하는 말은 그 경험을 통해 우리가 좌절할지 성장할지를 결정한다. 자신에게 하는 말들은 매우 중요하다. 왜일까? 베스트셀러 작가이자 동기 부여 전문가인 웨인 다이어Wayne Dyer의 은유를 예로 들어 보자. '오렌지를 손에 들고 쥐어짜면 뭐가 될까? 당연히 주스가 될 것이다. 어떤 주스일까? 석류주스? 아니면 키위주스? 아니다. 오렌지주스다. 그 오렌지처럼 우리가 압박을 받을 때는 우리 안에 있는 것들이 밖으로 드러나게 된다.'

극심한 압박을 느끼게 되면 어떤 모습이 드러날까? 우리 안에 숨어 있던 악마 같은 계모? 우리의 내면에 숨겨진 목소리가 가혹하고 거칠면 아이를 향한 목소리도 마찬가지로 가혹하고 거칠 것이다. 내 경우엔 완전히 구석으로 몰렸을 때 내 안의 가혹함이 모습을 드러내고 말았다. 부정적이고 비판적인 폄하의 목소리가 나온 것이다. 그게 내 안에 숨겨진 목소리였다. 나는 완전히 무력해지고 말았다.

| 홀리의 이야기 |

홀리는 아들 셋을 둔 싱글 워킹맘이었다. 여덟 살짜리 아들이 밤마다 악몽을 꾸던 탓에 아들과 홀리는 깊은 잠을 제대로 잘 수 없었고, 아들은 그 피로를 낮에 짜증으로 풀었다.

잠 못 이룬 밤을 보내고 난 다음 날 아침, 홀리는 샤워 중이었다. 그때 무언가에 분노한 아들이 홀리를 찾아 욕실로 왔고 샤워 커튼을 열었다. 그 순간 이성을 잃은 그녀는 소리를 지르며 아들의 뺨을 때렸다.

그녀는 감당하기 힘들 만큼의 수치심과 죄책감, 후회로 며칠을 괴로워했다. 내면의 목소리에 온몸이 마비된 홀리는 눈물을 멈출 수 없었다. 홀리는 나에게 "먹을 수도, 잠을 잘 수도 없었어요. 저는 정말 최악의 엄마라는 생각이 끝도 없이 머릿속을 맴돌았어요. 저는 엄마가 될 자격이 없는 사람입니다."라고 털어놓았다.

일주일이 지난 후 딸의 집에 온 홀리의 어머니는 딸의 상태에 경악하고 말았다. 홀리는 "나는 정말 쓸모없는 사람이에요. 나는 아무에게도 도움이 안 돼요. 나 자신에 대한 수치심 때문에 아이에게 제대로 된 엄마 노릇을 못 하고 있어요."라고 말했다. 가혹하고 비판적인 내면의 목소리로 인해 그녀는 수치스러운 존재가 되어 버렸고 이미 안 좋은 상황을 더 심각하게 만들고 말았다.

이런 상황이 홀리에게만 벌어지는 것은 아니다. 상당히 많은 사람이 자신의 실수와 결점을 인정사정없이 판단하고 스스로를 비판한다. 내면의 목소리는 우리를 수치심이 범람하는 웅덩이에 빠뜨리지만 이는 아무런 도움이 되지 않는다. 부정적인 혼잣말과 수치심은 효율적이고 평온한 부모가 되지 못하도록 만들고 오히려 그 반대로 작용한다. 수치심은 우리를 함정에 빠지게 하고 무기력하게 하며 고립시킨다. 그런 부정적인 사고에 빠지게 되면 아이에게 온화하고 자비로운 부모가 되기는 어렵다.

● 수치심은 도움이 되지 않는다

브렌 브라운Brené Brown 교수는 죄책감과 수치심의 차이를 잘 설명한다. 수치심은 스스로에 대해 느끼는 나쁜 감정이다. 죄책감은 무언가 잘못되었거나 자신의 가치에 반하는 행동을 했을 때 느끼는 '양심'이다. 브라운 교수의 연구에 따르면 죄책감은 유용하지만 수치심은 파괴적이며, 행동을 변화시키는 데 도움이 되지 않는다. 브라운 교수는 다음과 같이 설명한다(《대담하게 맞서기》, 명진출판, 2013(원제: 《Daring Greatly》, 2012)).

"수치심은 변화할 수 있다고 믿는 우리의 일부를 파괴한다."

스스로를 나쁜 사람이라고 느끼면 변화를 이끌어 낼 힘을 얻기는 거의 불가능하다. 아이가 스스로에게 공감할 수 있는 사람이 되길 원한다면 부모도 모범을 보여야 한다. 예를 들어, 우리가 습관적으로 자신을 수치스럽게 여기면 아이도 그런 습관을 배우게 될 것이다. 내가 앞서 말한 대로 아이들은 우리가 하는 말을 그대로 실천하는 데 엄청난 재능을 선보이지는 못하지만 우리가 하는 행동을 그대로 따라 하는 일에는 매우 훌륭한 재능을 갖고 있다. 해로운 패턴이 대대로 전해지는 것도 바로 이런 이유에서다. 부모의 내면에 자리잡은 가혹하고 비판적인 목소리는 그대로 아이의 내면의 목소리가 된다. 그리고 그 아이가 나중에 부모가 되면 가혹한 버릇이 다시 모습을 드러낸다.

● 두 번째 화살을 쏘지 마라

자신에 대한 수치심은 '두 번째 화살'에 비유할 수 있다. 불교 우화 중 두 번째 화살에 대한 이야기가 있다. 석가모니는 제자에게 "사람이 화살을 맞으면 고통을 느끼는가? 그 사람이 두 번째 화살을 맞으면 그 고통은 더 심해지는가?"라고 질문했다.

석가모니는 "우리는 살아가면서 첫 번째 화살을 마음대로 하지는 못 한다."라고 설명했다. 힘들고 고통스러운 일은 모든 이의 삶에서 일어나기 마련이라는 뜻이다. 그리고 곧이어 "두 번째 화살은 첫 번째 화살에 대한 우리의 반응이다. **두 번째 화살은 선택할 수 있다.**"라는 답을 내놓았다.

가혹한 비판은 마음의 화살과 같다. 마음의 화살은 첫 번째 화살로 생긴 상처를 치유하는 데 전혀 도움이 되지 않는다. 하지만 수치심을 느끼게 하고 나와 남을 비난하는 두 번째 화살을 쏘느냐 마느냐 결정을 내리는 건 선택할 수 있다. 선택권이 우리에게 있기 때문이다. 우리는 고통 대신 자비로움과 자기 연민을 선택할 수 있다.

'자기 연민'이라는
치유법

수치심 대신 좋은 친구가 보내오는 온화한 마음과 이해심을 스스로에게 베풀 수 있다고 생각해 보자. 어떤 변화가 있을까? 온화함과 이해심을 통해 실수로부터 성장하고 학습할 수 있다는 사실은 연구로도 증명되었다. 이는 비난의 패러다임을 따르는 기존의 패턴에서는 불가능한 일이다.

연구원이며 저자이자 텍사스의 오스틴대학교 교수인 크리스틴 네프Kristin Neff는 동정심과 자기 연민을 연구하는 데 일생을 바쳤다. 네프 교수는 다음과 같이 동정심과 자기 연민을 설명했다.

자기 연민이 가진 동기 부여의 힘을 증명하는 연구는 계속 늘고 있다. 자기 연민을 지닌 사람은 스스로에 대해 높은 기준을 세우지만 그 목표를 달성하지 못하더라도 속상해하지 않는다. 오히려 이들은 실패한 후 좌절과 실망에 휩싸이는 대신 자신을 위한 새로운 목표를 세운다는 사실이 연구를 통해 증명되었다. 스스로에게 자비로운 사람은 과거의 실수에 대해 책임질 가능성이 높고, 정서적 침착성을 발휘해 실수를 인정한다.

연구에 따르면 자기에게 자애로운 사람은 다른 사람들도 돕는다. 누군가 체중 조절 목표를 달성하고, 운동하며, 금연하고, 필요할 경우 의료인의 도움을 받는 등의 행동을 할 때 곁에서 더 건강하게 살아갈 수 있도록 돕는다고 나타났다.

● 나에게 이야기하는 방법

네프 교수는 자기 연민을 **자신을 용서하는 마음, 인간적 유대감, 마음챙김**의 세 가지 요소로 정의했다. 그렇다면 자신을 비판하는 대신 자기 연민을 실천하려면 어떻게 해야 될까?

우선 부정적인 의미가 담긴 혼잣말을 알아차리고 저지하는 일로 시작할 수 있다. 규칙적으로 명상을 수행하면 사고를 전반적으로 더 명확하게 알아차릴 수 있으므로 도움이 될 것이다. 폄하하고 비판하는 목소리를 얼마나 자주 알아차리는지는 중요하지 않다. 의식적으로 알아차리려고 노력하자. 알아차리는 즉시 "안녕, 낡은 습관?"이라고 스스로에게 말을 걸면 과거의 건강하지 못했던 습관을 차단할 수 있다.

부정적인 혼잣말을 하는 습관은 아마도 우리가 무의식적으로 오랫동안 '연습'해 왔을 것이므로 매우 강하고 집요하게 따라붙을 것이다. 하지만 비판적 태도를 완전히 제거하지는 못하더라도 새로운 패턴을 만들 수는 있다. 이것이 바로 '신경 가소성neuroplasticity'이라는 특징이다(CHAPTER1 참조). 연습하면 할수록 강해진다.

자신을 용서하는 마음

가장 친한 친구가 홀리의 샤워 사건과 같은 일을 겪었다면 어떤 조언을 해 줄 수 있을까? 아마도 "넌 절대 나쁜 엄마가 아니야. 그저 놀라서 반응적으로 행동했을 거야. 넌 좋은 사람이야."라고 했을 것이다.

그게 바로 우리가 자신과의 대화 패턴을 바꾸려고 할 때 적용해야 할 방법이다. 가혹한 내면의 비평에 빠져드는 대신 진정성 있고 따뜻한 표현을 찾아 너덜너덜해진 신경계를 따뜻하게 감싸주도록 하자. **수치심 대신 도움을 생각하자.** 가장 친한 친구에게 말하는 것처럼 자신에게 말하자. 처음에는 낯설고 어색하겠지만 익숙해지면 온화한 습관이 더 강해진다.

나도 지난번 딸에게 소리를 질렀을 때 곧바로 후회했다. 아이에게 사과했고 우리 둘 다 마음의 준비가 되었을 때 아이를 안아 주었다. 냉정한 내면의 비평가가 되는 대신 나는 자기 연민을 연습했다. 그리고 '나는 내가 나쁜 엄마라고 생각하는구나.'라고 되뇌며 스스로에 대한 비판적인 생각을 인정했다. 그러고는 스스로에게 최대한 연민과 친절을 베풀었다. 육아가 얼마나 힘든 일이며, 내 성미를 달래기가 때때로 얼마나 힘든지 기억해 내려고 노력했다. 수치심에 온몸이 마비된 것처럼 느끼는 대신 유익한 내적 반응을 끌어내 딸을 돌보는 일에 마음을 돌릴 수 있었다. 나와 딸, 우리 두 사람 모두에게 좋은 일이었다.

인간적 유대감

자기 연민의 두 번째 요소는 '나만 실수하는 것은 아니다.'라는 점을 인정하는 것이다. 네프 교수는 이를 '인간적 유대감과 고립의 대결'이라고 부른다. 대부분 '딸에게 소리 지르지 않았어야 해. 좋은 부모는 절대 아이에게 소리 지르지 않아.'라고 생각한다. 이런 생각에 빠지면 고통 속에서 외롭다고 느낀다. 하지만 **사실 우리는 모두 실수하는 인간이며 완벽하지 않은 부모. 불완전함이 우리를 인간답게 만든다.**

팟캐스트 〈사려 깊은 엄마〉의 멘토인 나에게도 아이와의 관계에서 실수를 저지르고 나중에 후회하는 순간이 찾아오곤 한다.

우리 중 어느 누구도 혼자가 아니라는 사실을 반드시 인정해야
한다.

마음챙김

마지막으로 스스로를 동정하기 위해서는 마음챙김을 통해 자
신이 힘들다는 사실을 인정해야 한다. 자신의 생각을 알아차리고
그 생각에 객관적인 시각을 유지하는 연습도 필요하다. 실수했을
때 자신을 어떻게 대하는지 관심을 기울이며 공감하고 다정하게
대하는 연습을 해야 한다.

자아 비판과 자기 평가를 통해 스스로에게 가하는 고통을 떠올
려 보자. 이런 생각을 알아차리고 나면 자신의 기준을 충족하지
못했을 때 공감과 다정함이 가득한 다른 방법을 선택할 수 있게
된다. 마음챙김은 우리가 부정적 반응에 빠지거나 휩쓸리지 않도
록 돕는다.

● 사랑과 친절 연습

인생을 변화시키는 공감의 근육을 기르는 방법은 아주 오래된
사랑과 친절 연습에 달렸다. 명상을 통해 실천할 수도 있고 온종
일 공감 어린 생각을 통해 실천할 수도 있다. '사랑과 친절'이라는

용어는 팔리어Pali 단어인 '메타metta'를 번역한 말이다. '친절하고 상
냥하며, 자애롭고 다정하며, 곱고 동정 어린 사랑'을 뜻한다. 이는
냉정한 내면의 목소리를 치유하는 완벽한 해독제다.

사랑과 친절을 어떻게 연습하면 될까? 우선 사랑하는 마음을 갖
기 쉬운 대상에게 사랑과 친절의 감정을 느끼는 일로 시작할 수
있다. 다음으로는 그 대상을 자신에게로 확장한다. 그런 다음 사
랑과 친절을 느끼기 어려운 대상에까지 범위를 넓힌다.

사랑과 친절에 대한 글을 읽는 것만으로 마음챙김 기술을 얻기
는 어렵다. 마음챙김은 규칙적으로 실행했을 때 우리 내부의 풍
경을 변화시키는 실천법이다. 냉정한 내면의 목소리의 볼륨을 낮
추고 사랑이 담긴 대안을 제공하는 방법이다. 힘든 순간에만 연
습한다고 생각하지 말자. 체육관에서 근육을 단련하는 과정처럼
자기 연민의 근육도 단련할 수 있다.

사랑과 친절

사랑과 친절의 감정을 연습하는 건 능동적인 형태의 사랑이다. 우리 자신과 다른 사람을 비판하는 대신 친절하게 바라보는 방법이다. 여기서 제시하는 방법을 연습하여 명상 루틴에 적용해 보자.

정신을 집중하고 편안한 자세로 앉는다. 생각을 확장시키고, 친절하고 부드러운 마음을 갖도록 노력한다. 몸의 긴장을 푼다.

몸속으로 들어오고 나가는 호흡을 느낀다. 생각이 갑자기 떠오르더라도 호흡에 다시 집중하려고 노력한다.

현재의 감정에 주목한다. 숨을 내쉬면서 몸의 긴장을 낮춘다.

나를 진정으로 걱정하는 사람, 사랑하는 마음을 품을 수 있는 대상을 떠올린다. 이 사람을 마음속에 그리고 다음의 문구를 낭송한다.

"당신이 부디 무사하길."
"당신이 부디 행복하길."
"당신이 부디 건강하길."
"당신이 부디 편안한 삶을 살아가길."

원하는 표현이 있으면 얼마든지 바꿔도 좋다. 이 문구를 계속 반복하면서 사랑과 친절이라는 감정이 몸과 마음에 가득 차도록 한다.

이제 사랑과 친절이 자신을 향하도록 연습한다. 지금 자신의 모습을 떠올려도 좋고 네 살짜리였던 모습을 떠올려도 좋다. 다음의 문구(혹은 나에게 반향을 일으킬 만한 문구)를 스스로 말한다. 이 문구를 반복하면서 사랑과 친절의 빛에 휩싸인 스스로를 상상한다.

"나 자신이 부디 무사하길."
"나 자신이 부디 행복하길."
"나 자신이 부디 건강하길."
"나 자신이 부디 편안한 삶을 살아가길."

반복하면서 어색하게 느껴지거나 짜증이 날 수도 있다. 그렇더라도 스스로를 향해 인내심과 친절한 마음을 갖는 일은 무엇보다도 중요하다. 우호적인 마음으로, 일어나는 감정을 전부 받아들이자.

사랑과 친절의 마음이 느껴지면 명상을 확대해 친구, 공동체 구성원, 인류의 모든 존재 등 다른 대상을 포함시킨다.

살아가면서 나를 힘들게 했던 사람을 생각해도 좋다. 그들에게 사랑과 친절, 평화가 가득할 수 있도록 빌어 준다.

사랑과 친절을 삶의 일부로 받아들이면 더 큰 평화와 안정, 친절을 얻게 될 것이고 다른 사람을 대할 때도 사랑과 친절을 더 쉽게 베풀 수 있다. 자기계발 전문가 웨인 다이어Wayne Dyer는 "사랑과 기쁨을 주고받고 싶다면 내면을 변화시켜서 삶을 바꿔야 한다."라며 일생 동안 스스로를 사랑하는 일의 중요성을 전했다.

이와 마찬가지로 수치심, 취약성 등을 연구한 심리학자 브렌 브라운 교수는 《대담하게 맞서기》에서 "우리가 갖고 있지 않은 것을 남에게 줄 수 없다. 스스로 무엇을 아는지 혹은 어떤 사람이 되고 싶은지와 비교할 수 없을 만큼 자신이 누구인지 아는 일은 중요하다."라고 저술했다.

아이를 돌보는 일은 분명 매우 힘든 일이다. 해결되지 못했던 모든 문제가 드러나기 때문이다. 그러므로 육아는 우리의 삶에서 원하는 바를 얻을 엄청나게 좋은 기회이기도 하다. 연습하면 더 강해질 수 있다.

친절과 공감의 모범 보이기

막내딸은 두 살 때 언니가 놀고 있으면 달려가서 장난감을 집어 들고는 그 자리를 쑥대밭으로 만들어 버리곤 했다. 그런 행동의 목적은 그저 언니의 관심을 얻기 위해서였다. 아이들은 관계에 엉망인 경우가 많다. 말 그대로 아직 철이 없기 때문이다(인간의 뇌는 20대까지 완전히 발달하지 않는다). 그래서 다른 사람과 어떻게 관계를 맺어야 하는지 알려 주는 부모의 조언과 본보기가 반드시 필요하다.

다행스럽게도 아이들은 다른 사람에 대한 관심을 타고난다. 연습하면 강해지는 것처럼 우리가 연습하는 것은 아이들 안에서도 자란다는 사실을 기억해야 한다. 그러니 우리가 원하는 모습, 친절과 공감을 본보기로 주어야 한다. 친절을 다른 사람의 행복한 모습을 보고 싶어 하는 친근함, 너그러움, 사려 깊음과 공감하는 자질로 생각하자.

● 친절을 베풀고 받기

왜 친절일까? 육아를 논하려면 존중과 권위에 관해서 이야기해야 하지 않을까? 우리는 아이들이 자신과 타인에게 친절하길 바라며, 친절은 우리 모두가 세상에서 잘 지내고 행복한 인생을 살아가도록 돕는다는 사실을 잘 알고 있다. 하지만 부모인 우리는 원하는 대로 아이를 양육하기 위해 때때로 힘과 영향력, 공포를 이용해야 된다고 생각한다. 아이가 부모의 권위를 존중하도록 만들려는 선택인 것이다.

그러나 힘과 영향력은 권위와 다르며 공포는 존중과 다르다. 우리가 망각하는 점이 있다. 우리가 아이에게 힘과 영향력, 공포를 사용하면 아이들도 다른 사람을 대할 때 힘과 영향력, 공포를 이용해야 된다고 생각한다는 점이다. 아이가 친절의 가치를 인정하길 원한다면 부모도 친절을 연습해야 한다. 한계를 두더라도 말이다. 게다가 친절과 공감은 관계를 돕고 그 유대감은 협력을 이끌어 낸다.

친절은 부모에게서 시작되므로 자신에 대한 가혹한 비평을 차단하고 대체하는 일이 좋은 출발점이 될 수 있다. 또한 스스로의 태도와 믿음을 되돌아보는 것도 좋다. 혹시 자신을 돌보는 일이 이기적이라고 생각하는가? 우리 중 상당수는 삶의 어느 시점에서 그런 생각이 옳다고 교육받았거나 스스로 그 생각을 내면화했을 것이다. 좋은 사람이 되려면 '이타적'이어야 하며 자신의 행복을 희생하더라도 다른 사람을 먼저 챙겨야 한다고 배웠을지 모른다. 하지만 스스로를 친절하게 대하는 일은 다른 사람과 좋은 관계를 맺기 위한 근본적 바탕이 된다. 이기적인 면모가 아니라 현명한 태도다.

'우리를 오렌지처럼 쥐어짠다면 무엇이 나올까?'라며 자아를 오렌지에 비유했던 웨인 다이어의 표현을 기억하는가? 우리가 다른 이에게 친절하고 너그러우며 배려할 수 있다면 아이에게도 친절하고 너그러우며 배려할 수 있고, 아이 역시 친절하고 너그러우며 배려하는 사람이 되는 법을 배울 수 있을 것이다. 선순환이지 않은가?

공감은 육아의 초능력

앞서 언급했듯이 공감은 친절을 실천하는 하나의 방법이다. 간단히 말하면 공감은 다른 사람의 감정과 정서를 인지하는 행동이다. 공감은 나와 다른 사람 간의 연결 고리이며 타인의 경험을 이해하는 방법이다. 힘들어하는 누군가에게 "아이고, 불쌍해라."라는 태도를 보이기보다는 "이런, 안됐구나. 그거 어떤 기분인지 알아."라고 말하는 태도가 공감이다.

공감은 아이와 더 끈끈한 유대관계를 맺기 위해 꼭 필요한 요소다. 또한 학습하고 향상될 수 있는 능력이기도 하다. 어떤 방법으로 할 수 있을까? 다른 사람들의 감정적 신호에 맞추고 그들의 관점으로 보는 연습을 하면 공감 능력도 커진다.

공감을 연구한 영국의 간호학자 테레사 와이즈먼Theresa Wiseman은 공감에 대해 다음과 같이 분석했다.[7]

· **다른 사람의 시선으로 세상을 바라보는 능력.** 사랑하는 이의 시선을 통해 상황을 보기 위해서는 스스로의 문제를 제쳐 두어야 한다.

---

7) 〈공감의 개념 분석A Concept Analysis of Empathy〉. 테레사 와이즈먼Theresa Wiseman. 1996

· **비판적이지 않은 태도.** 다른 사람의 상황을 판단하려는 태도는 그들의 경험을 무시하는 행동이며, 상황에 따른 고통으로부터 스스로를 방어하려는 시도에 불과하다.

· **다른 사람의 감정을 이해.** 다른 이의 감정을 이해하기 위해서는 자신의 감정과 접촉해야 한다. 즉, 사랑하는 이에게 집중하려면 우리 자신의 문제를 제쳐 두어야 한다.

· **다른 사람의 감정을 이해한다는 사실 알리기.** "그래도 당신은⋯." 혹은 "그만하길 다행이네."라고 말하기보다는 "나도 그런 일을 겪은 적이 있어. 정말 힘들지?" 또는 "정말 힘들겠구나. 더 자세히 들려 줘."와 같이 말한다. 이런 말이 바로바로 튀어 나오지 않을 수 있다. 이에 관한 내용은 나중에 더 자세히 살펴볼 것이다.

| 케이샤의 이야기 |

케이샤의 딸은 귀걸이를 바꾸고 싶어 했다. 하지만 눈물범벅이 될 만큼 힘든 작업이었다. 케이샤는 금세 화를 낼 게 분명했고 화를 내면 아이가 더 심하게 울 것이 뻔했기 때문에 이런 순간이 정말 견디기 힘들었다. 그러던 어느 날 그녀는 잠시 화 내기를 멈췄다. 그러고는 스스로에게 '나는 도대체 왜 화를 내는 걸까? 딸이 지금 '용감하게' 행동하지 않는다고 생각하기 때문이겠지? 딸은 울고 있어. 나는 어릴 때 '씩씩하게' 행동하라고 교육받았고 울지도 않았어. 하지만 딸은 내가 아니고 지금은 내 어린 시절이 아니야. 귀걸이를 바꾸려면 아프고, 딸은 지금 겁을 먹은 거야.'라고 말을 걸었다.

공감을 연습하면서 케이샤는 잠시 자신의 문제를 넘어 현재 상황을 정의하고 바라보면서 지금 아이에게 무슨 일이 일어나는지에 집중할 수 있었다. 케이샤는 딸을 안고 이렇게 말해 주었다. "네가 지금 얼마나 겁을 먹었는지 이해할 수 있어. 귀걸이를 바꾸는 게 힘들지? 우리 같이 심호흡하자. 네가 준비되면 귀걸이를 바꾸자."

공감은 양육 과정에서 초능력을 발휘한다. 공감을 통해 아이는 자신의 감정을 규제하는 금과옥조를 얻을 수 있다. 아이가 느끼고 경험하는 바를 이해하고, 현재의 순간에 함께하면 우리는 아이와의 연결 고리를 견고히 만들고 조화로운 관계를 이루어 낼 수 있다.

《뒤집어 본 육아》에서 대니얼 시겔 교수와 메리 하트젤은 공감을 통해 아이는 자신이 '부모의 마음속에 존재한다고 느낀다.'라고 설명했다. 공감하는 마음으로 아이를 양육하면 아이의 마음을 이해할 수 있다. 또한 갈등을 더 쉽게 해결하는 데에도 도움이 된다.

부모가 충분히 만족해야만 아이에게 공감할 수 있다는 사실을 기억하자. 자신을 돌보는 일을 우선시하는 마음가짐은 친절과 공감을 하기 위해 무엇보다 중요한 요소다. 자신을 돌보는 문제는 '있으면 좋은' 차원의 개념이 아니다. 자신을 돌보는 일은 우리의 권리이자 의무다.

최근에 공감이 부족했다고 느껴지더라도 걱정하지 말자. 언제든 나아질 수 있다. 사회적 동물인 우리는 공감하는 능력을 '타고났을' 뿐 아니라 공감을 배우고 연습할 수 있으니 말이다.

● 판단하려는 마음 몰아내기

우리 모두의 머릿속에는 자신과 다른 사람을 끊임없이 판단하는 비판적 목소리가 존재한다. 그런 가혹한 자기 판단은 우리가 성장하고 배우지 못하게 한다는 사실을 기억하는가? 가혹한 판단은 아이에게도 비슷한 효과를 발휘해서 아이의 자신감을 떨어뜨린다. 우리의 판단과 비판은 아이에게 상처를 주고 '나는 있는 그대로의 너를 좋아하지 않으며 받아들일 수 없어.'라는 메시지를 전한다.

그러나 우리의 마음은 끊임없이 판단하고 있다. 우리가 불편하다고 느끼거나 우리를 움츠러들게 만드는 아이의 행동을 보면 판단적 사고가 자연스럽게 시작된다. 이는 매우 정상적이다. 하지만 마음챙김 수련을 하면 이런 생각을 인식하고 멈출 수 있다. 어떤 생각에 '판단'이라는 꼬리표를 붙일 때마다 그 영향력이 감소하기 시작한다.

바르게 행동하지 못할 때 아이들 스스로도 마음이 불편해진다는 사실을 기억하자. 이런 사실을 기억하고 있으면 우리에게 타고난 (때로는 살짝 숨어 있을 수 있는) 공감을 불러일으키는 데에도 도움이 된다. 우리는 아이의 아픔을 심각하게 받아들이지 않는 경향이 있다. 아이를 불편하게 만드는 꼬리표가 부모에게는 큰 문제로 보이지 않는데, 무슨 이유로 법석을 떨겠는가? 한 아이가 다른 아이를 작다고 놀린들 누가 신경이나 쓰겠는가? 하지만 아이의 문제를 등한시하면 아이는 부모에게 무시당했다거나 보살핌을 받지 못했다고 느낀다.

이럴 때는 마음챙김의 자세로 스스로의 생각을 주의 깊게 들여다보고, 의식적으로 친절과 공감을 발휘하며 아이의 행동에 반응해야 한다. 그러면 아이와의 연결 고리가 강화되고 그 결과, 아이가 부모에게 더 협조적인 모습을 보일 가능성이 커진다.

판단적인 내면의 목소리는 마음챙김 수련의 필요성을 자극한다. '나는 할 수 없어.', '나는 절대 못 할 거야.', '다른 사람이 나보다 훨씬 더 나아.'와 같은 표현이 그러하다. 비판적으로 보는 대상이 스스로의 양육 방식이든 습관이든 혹은 아이들이든, 마음챙김 수련은 이런 비판적인 생각이 모습을 드러낼 때 생각을 멈추고 현재를 인지하는 데 도움을 준다. 이렇게 해 보자. 의식적으로 수용적인 태도와 다정함이 가득한 호기심을 기르도록 노력하고, 우리가 어떻게 느끼며 그것이 우리의 관계에 어떤 영향을 주는지 들여다보자.

공감과 친절, 비판적이지 않은 태도는 부모에게 대단히 유익한 자세다. 한편으로는 이런 자세는 바쁜 상황이거나 아이를 데리고 서두르는 중에는 기억해 내기 힘들다. 이는 내면에서 우러나오는 친절을 기르는 과정을 설명하며 '인내심'을 언급할 수밖에 없는 이유이기도 하다.

뭐라고? 인내심?

어릴 적 어머니로부터 "참을 줄 알아야 한다."라는 말을 들었던 적이 있는가? 나는 참을성에 관해 많은 이야기를 들으며 자랐다. 인내는 내 특기가 아니었고 인내라는 말 자체만으로도 입에서 불쾌한 맛이 느껴진다(아, 성장기의 웅어리여!). 하지만 믿을 수 없을 만큼 빠른 세상에 사는 부모들에게 인내심은 절실히 필요하다. 우리의 신경계는 서두르는 행동을 위협으로 받아들이고 결국 스트레스 반응을 유발하기 때문이다.

인내를 연습하면 부모는 반응성을 줄일 수 있다. 5분 늦더라도 세상이 끝나지 않으리라는 사실을 기억하면 조금은 여유를 되찾는다. 잠시 멈추는 시간을 가지면 육아 중 어떤 순간에서든 감정과 동기를 제대로 인지한다. 말 그대로 심호흡 몇 번 할 수 있을 만한 시간만으로도 충분하다. 이 과정에서 지금 실제로 일어나고 있는 일을 제대로 파악할 시간이 생긴다.

나는 매일 성급함과 씨름하면서 살아간다. 효율적으로 일을 처리하고 다음으로 넘어가고자 하는 '긴장하는 습관'이 있기 때문이다. 아이들과 스트레스가 극심한 갈등을 겪을 때 그 원인은 항상 나의 참을성 부족에 있었다. 나는 갈등의 순간 즉시 집을 나가고 싶어진다. 조바심이 나를 지배할 때 나는 반응적이고 짜증스러운 엄마가 된다. 이런 상황에서 내가 조금이라도 인내심을 되찾게 되면 상황은 훨씬 부드럽게 흘러간다.

몇 년 전이었다. 내가 거실로 들어섰을 때 딸들은 친구와 놀고 있었다. 아이들은 의자를 뒤집어 놓고 식탁에 스카프를 둘러 놓았으며 동물 인형과 블록 장난감이 온 바닥에 흩어진 상황이었다. 나는 그 난장판을 당장 정리하고 싶었다. 그 상황에서 인내심이 절실히 필요했지만 앞서 말했듯이 인내심은 내 특기가 아니었다. 하지만 갈등이 폭발하던 과거에서 얻은 교훈을 바탕으로 침착하게 딸들에게 이야기했다.

아이들은 장난감 코끼리가 입은 부상을 치료하기 위해서 밴드가 필요하다고 말했다. 나는 아이들의 말을 충분히 이해했으므로, 코끼리에게 밴드를 붙일 수 있도록 충분히 기다리고 난 다음에 정리를 해 달라고 부탁했다.

참을성 있게 반응한 결과, 소리치고 명령하는 대신 조금 더 요령 있게 표현할 수 있었다. 인내심을 발휘한 덕분에 그 순간 아이들이 무엇을 원하는지 파악할 수 있었고, 싸우고 소리 지르느라 하루를 망치지 않아도 되었다.

상황을 통제하는 대신 제 속도대로 흘러가도록 내버려 둘 수 있을까? 모두가 잘 알고 있듯이 아이들은 성인보다 느린 속도로 살아간다. 아이들은 자연적으로 현재에 집중하는 생명체이며 자신을 둘러싼 세상에 대한 호기심으로 가득 찬 존재다. **부모는 아이들에게 항상 서두르는 어른의 습관을 지나치게 자주 세뇌한다.** 하지만 부모가 노력한다면 재촉하는 대신 아이들이 자신의 속도에 맞게 움직이고 충분한 시간과 여유를 가질 수 있도록 배려할 수 있다.

물론 쉽진 않다. 하지만 내가 여러분을 도울 것이다. 바로 그런 이유에서 이 여정을 연습이라고 부르는 것이다. 항상 완벽히 인내심을 발휘하지는 못하겠지만 그래도 괜찮다. 서두를수록 아이와의 관계에서 스트레스와 불안이 발생할 가능성이 더 크다. 속도를 줄이면 그 가치는 충분히 발휘될 것이다.

인내심에는 주의가 따른다. 상황이 원만할 때는 인내심을 갖기 쉽다. 하지만 심리적으로 불안하고 생각이 통제되지 않을 때야말로 인내심을 기르기에 매우 좋은 기회다. 인내심을 기르려면 다양한 순간에서 연습해 봐야 한다.

나는 여러분에게 **자신을 상대로 인내심을 기르는 연습**을 권하고 싶다. 육아는 결코 쉬운 일이 아니다. 부모가 된 자신이 가끔 격분한 코뿔소로 느껴진다고 해도 지극히 정상이다. 인내심을 기르는 과정에서 서투른 순간을 맞이할 준비를 하고 인내를 연습하자!

실 천 과 제

인내심을 기르기 위한 만트라(주문)

다음 예시 중 한두 가지 주문을 선택해 메모지에 적고 집 안 곳곳에 붙여 둔 다음 필요할 때마다 혼자 반복하자.

· 나는 침착할 때 아이에게 가장 좋은 부모가 된다.
· 아이가 소리치기 시작하면 나는 더 침착해진다.
· 나는 평화를 선택하겠다.
· (숨을 들이쉬면서) 나는 아이를 사랑한다. (숨을 내쉬면서) 나는 잠시 멈출 수 있다.
· 긴장 풀고, 이완하고, 웃자.

· 이 또한 지나가리라. 심호흡하자.

· 친절하게 대하자.

· 다 그런 거야.

명상 연습을 통한 인내. 인내심은 마음챙김 명상에서도 중요한 요소다. 자꾸 판단하려 하고 불안해지거나 초조해지면, 갈 데가 없고 아무런 방법이 없다는 사실을 스스로에게 상기시켜서 인내심을 기른다. 이런 경험을 할 수 있도록 여유를 되찾는다. 명상 중 다양한 일이 떠오른다 해도 괜찮다. 떠오르는 일들은 우리의 현실이다. 바로 이 순간 삶이 펼쳐지고 있는 방식이다.

삶의 인내심. 우리가 삶의 모든 순간을 즐거움과 다양함, 역동성으로 채울 필요는 없다는 점을 기억하자. 다음에 할 일 때문에 서두르는 대신 매 순간에 몰입하고 여유와 시간을 찾을수록 삶이 더 편안해진다. 바쁜 중에도 조금씩 여유를 챙기고 자유로운 시간을 가지면 가족 모두가 더 행복한 삶을 즐길 수 있다. 휴식은 정말 좋은 것이다.

04

지나치게 노력하지 않기

스스로 이렇게 말할지도 모른다. '할 일이 엄청나게 많네. 사랑과 친절을 실천하고, 도움 되지 않을 생각을 찾아내고, 인내를 연습하고, 판단적 사고를 멀리해야지. 자, 이제부터 시작이다!'

하지만 나는 여러분이 조금 긴장을 풀고 내 제안을 편안하게 받아들였으면 한다(언제든 생각날 때 CHAPTER 3을 다시 펼쳐서 읽는 것도 좋다). 왜 그럴까?

우리는 어린 시절부터 성취와 목표 달성을 향해 끊임없이 달려왔다. 항상 노력하는 게 익숙한 우리에게 현재에 집중하기 위해 잠시 쉬는 일은 어렵게 느껴진다. 늘 '내가 …하기만 하면(더 침착하고, 더 똑똑하고, 더 열심히 일하고, 더 건강하고, 더 부유하면) 괜찮아지겠지. 하지만 지금의 나는 괜찮지 않아.'라고 생각한다. **괜찮지 않다는 생각은 지금 노력하게 만드는 동기가 된다.** 불안감에 휩싸여, 멈추지 않는 다람쥐처럼 쳇바퀴를 달리게 되는 것이다. 하지만 쳇바퀴를 달리는 다람쥐처럼 우리는 달리고, 달리고 또 달리지만 항상 제자리에 머문다. 그러므로 나는 여러분에게 '애쓰지 않기'를 당부하고 싶다.

존 카밧진은 《마음챙김 명상과 자기 치유-상&하》(학지사, 2017(원제:《Full Catastrophe Living》, 2013))에서 부단한 노력은 명상의 실질적인 걸림돌이 될 수 있다고 지적했다. 왜냐하면 명상에서는 지금 있는 그대로의 자신이 되는 일을 제외하고는 다른 목표가 없기 때문이다. 온전히 현재에 있고, 지금의 모습을 그대로 받아들이는 행동을 하는 그 자체가 우리를 반응적인 사람이 되게 하는 스트레스와 불안을 줄이는 먼 여정을 이미 시작했다는 뜻이다. 그러므로 연습이라는 사실을 기억하며 너무 노력하지 말고 긴장을 풀자.

부단한 노력을 내려놓으면 지금 일어나는 일에 더 집중할 수 있다. 그렇다고 연습과 육아, 삶에서 노력하지 않는다는 의미가 아니다. 오히려 현재에 집중하고 우리의 모습이 그대로여도 결과에 집착하지 않는다는 의미다. 때로는 우리에게 주어진 과제를 잊고, 삶이 전개되는 그대로를 받아들이는 일은 진정한 치유가 되며 에너지를 회복하는 방법이 된다. 아이들도 이곳에서 저곳으로 끊임없이 옮겨가는 대신 잠시 머물러서 쉬는 여유를 가질 때 더 잘 자랄 수 있다.

'애쓰지 않음'은 행동하지 않음을 의미하지는 않는다. 오히려 상황을 가볍게 받아들인다는 의미다. 우리는 모두 목표와 포부를 가지고 있다. 하지만 조금 더 가볍게 받아들일 수 있지 않을까? 평범한 예를 들어 보겠다. 여러분은 아마도 아이가 대학교에 가길 간절히 바랄 것이다. 대학생이 된 아이의 모습을 떠올리는 일은 멋지고 유익한 목표다. 하지만 대학교 입학을 지나치게 강요하면 아이에게 불안감을 유발할 수 있다.

'애쓰지 않음'의 사고방식은 열망을 가볍게 받아들이고, 지금 이 상황 그대로도 충분하다는 사실을 인정하며, 앞으로 일어날 일을 충분히 감당할 수 있으리라는 마음가짐이다.

● 만족하기

육아에서 애쓰지 않음은 '충분한 육아'라고도 할 수 있다. '충분한 부모'는 1973년에 소아과 의사이자 정신분석학자인 도널드 우즈 위니컷D. W. Winnicott이 자신의 책 《어린이, 가족, 그리고 외부세계 The Child, the Family, and the Outside World》에서 소개한 개념이다. 기본적으로는 조금 진정하자는 발상이다. 살다 보면 상황이 안 좋아지기도 하며 아이는 여기저기서 고군분투하겠지만 이런 어려움을 겪는다고 세상이 끝나는 것은 아니기 때문이다. 오히려 여러 가지 난관은 아이가 다시 일어서는 법을 배울 기회를 제공한다.

충분한 육아는 우리에게 완벽한 부모가 되려고 노력하지 않아도 되며, 부모 역시 아이가 완벽하길 기대해서는 안 된다고 말한다. 문제 상황은 모든 가족에게서 일어나지만 비난, 수치심, 날카로운 비판으로 대응하는 건 해결에 도움이 되지 않는다. 오히려 인간의 결함은 피할 수 없는 일이며 특히 아이는 완벽하지 않은 존재라는 사실을 기억하면 어떨까? 아이도 실수를 저지를 수 있다는 사실을 떠올린다면? 우리 또한 완벽함을 위해 고군분투하지 않을 수 있다면?

우리가 완벽하지 않은 인간이라는 사실을 인정하고 관계에서 치유의 모범을 보여 줄 수 있다면 아이에게도 그렇게 할 수 있다. 아이는 부모가 실패하고, 실수를 수정하고, 자신을 소중한 존재로 받아들이는 모습을 보고 배울 수 있어야 한다.

05

내 안의 친절

사랑과 친절을 함양하고 내적 목소리를 인지하면 아이와의 관계에 깊고 지속적인 영향을 미칠 수 있다. 부모 자녀의 관계에서 절반의 성공을 이룬 셈이다. 이제 그에 대한 책임을 져야 할 때다. 가혹한 비판과 판단에서 공감과 수용으로 생각을 전환하기 시작할 때 책임감을 가지면 더 넓은 의미의 공감과 수용이 이루어진다. 내적으로 우리가 누구인가라는 문제는 아이가 어떤 사람이 되길 원하는지에 매우 중요한 영향을 준다.

정좌 명상 수련을 계속하면 다른 연습은 점점 더 쉬워질 것이다. (자신의 이야기나 생각에 매달리기보다) 지금 실제로 일어나고 있는 일을 더 잘 인지하는 건 모든 의미 있는 변화를 위한 기초다. 현재 상황을 제대로 못 보면 다른 선택을 내릴 수 없다. 내면의 비판적인 목소리를 인지하는 능력이 향상되면 처음에는 불편하고 낙담하게 될 수도 있지만 포기하지 않길 바란다. 우리는 모두 맞서 싸워야 할 부정적인 편견을 갖고 있다. 그 사실을 인지한다면 부정적인 편견에 따라 행동하지 않을 수 있다.

하지만 이런 내용을 글로 읽는다고 해서 저절로 변화되지는 않는다. 연습이 필요하다. 사랑과 친절은 처음엔 바보 같고 어색하게 느껴질 수 있지만 결국 지속되면서도 의미 있는 이익을 가져다 줄 강력한 무기가 될 것이다. 내 안의 목소리가 친절한 목소리로 바뀌면 내부에서 엄청난 변화가 일어나고, 이를 통해 이 책의 PART 2에 제시된 전략을 활용해 더 노련하게 의사소통할 수 있게 된다.

CHAPTER 4는 아이가 배우길 원하는 삶의 내적 측면에 관한 마지막 내용이다. 힘든 감정을 유연하게 관리하는 방법을 배워 보자.

이번 주의 실천 과제

✓ 일주일에 4일에서 6일간, 하루 5 ~ 10분씩 좌식 명상이나 바디 스캔 명상하기
✓ 일주일에 4일에서 6일간, 사랑과 친절 연습하기
✓ 판단하려는 마음 알아채기
✓ 친절, 공감, 자기 연민 연습하기
✓ 인내를 위한 주문 외기

"불쾌함을 피하고 싶은 충동은 회피로 이어진다.
회피는 혐오를 낳고 혐오는 공포를 유발하며 공포는 증오로 바뀐다.
증오는 공격적 성향으로 변한다. 우리가 눈치채지 못하는 사이,
불쾌함을 피하려는 자연스러운 본능은 증오의 뿌리로 변한다.
증오는 전쟁을 낳는다. 내부적 전쟁 그리고 외부적 전쟁을…."

— 스티븐 코프Stephen Cope

힘든 감정 관리하기

아이가 울거나 짜증을 부리면 부모는 특별한 종류의 고통을 느낀다.

첫째 딸이 두 살이었을 때 한계에 다다르면 그맘때의 다른 유아들과 마찬가지로 통제할 수 없는 상태가 되곤 했다. 그런 순간에는 나 역시 어찌할 바를 몰랐다. 정말 참기 힘들었고 결국 폭발하고 말았다. 셀 수 없는 경험으로부터 얻은 지식에 따르면 부모가 이성을 잃고 폭발하는 상황에서는 효과적인 육아 기술이 발휘되지 못한다는 것만은 분명했다. 결과적으로 나와 딸 모두 슬픔과 혼돈에 빠지고 말았기 때문이다. 우리 대부분은 부모가 되기 전 이런 감정적 혼란을 겪게 되리라는 사실을 전혀 예측하지 못한다.

앞서 우리는 이런 엄청난 반응이 왜 내부에서 자극되는지, 마음챙김과 자기 연민은 어떻게 이런 오래된 상처들을 치유할 수 있는지 살펴보았다. 이제 우리와 아이에게 찾아오는 힘든 감정을 관리하기 위해 매일 이용할 수 있는 자원이 무엇인지 살펴볼 것이다.

감정에 대한 습관적 반응

느끼고 싶지 않은 감정을 수면 아래로 밀어 넣고 그 감정을 느끼지 않으려고 애쓰는 과정에서 에너지를 소비할 때가 많다. 그리고 아이에게 그 모습을 고스란히 보여 준다. 마치 우리 모두에게는 좋은 감정, 나쁜 감정, 보기 싫은 감정 등 수많은 종류의 감정이 존재한다는 사실을 잊고 있는 것처럼 보인다. 이는 이전 세대가 우리에게 물려준 또 다른 건전하지 못한 정서적 패턴이다. 우리는 "그런 감정을 품지 마라. 나를 불편하게 하잖아. 그런 감정을 느끼는 건 잘못된 거야."라는 말을 들으며 자랐다. 결국 우리는 감정을 숨기려고 노력하며 언젠가 억눌린 감정이 더 강하게,

주로 가장 반갑지 않은 시점에 터져 나오리라는 사실을 잊는다.

대부분의 사람들이 고통이나 불편함에 반응하는 방법은 두 가지다. 첫째, 감정을 차단하려고 노력하거나 둘째, 억누르려고 노력해 온 감정에서 헤어 나오지 못하는 상태가 된다.

· **차단**: 자신의 감정을 부인함으로써 불편함을 차단하거나 부정하려고 노력하는데 이때 주의를 분산하거나 음식, 술, 약물 등으로 스스로를 치료하는 방법을 이용한다. 이런 행동은 효과적이지 않고 건전하지 못한 결과를 불러온다. 불편한 감정은 그 자체로 기능이 있어서, 불편함을 수정하기 위한 행동이 필요하다는 신호가 되기 때문이다. 신호를 놓치면 자신이나 다른 이에게 해로운 결과가 나타날 수 있다. 물론 자가 치료 역시 우리의 감정적·신체적 건강에 중독을 비롯한 여러 문제를 일으킬 수 있다.

· **감정에 잠기기**: 감정에 압도당하거나 생각에 빠져 길을 잃을 때, 특히 공포나 비판에 빠져 허우적거릴 때면 감정에 잠기게 된다('나는 이걸 견딜 수 없어!', '어떻게 내가 이렇게 멍청할 수 있지?' 등). 공포와 슬픔이 넘쳐흐르면 절망과 좌절감에 빠진다. 분노에 휩싸여 화가 폭발하거나 소리를 지르면 다른 사람을 밀어내고, 분노는 더 해로운 감정으로 이어진다. 상황은 점점 더 나빠지며 전혀 좋아질 기미를 보이지 않는다.

우리는 감정을 느끼면서
어떤 습관적 반응을 보일까?

불편한 감정을 느낄 때 나타나는 습관적 반응은 달콤한 젤리 한 통을 비우는 행동에서부터 아이에게 심하게 화를 내는 행동에 이르기까지 다양하다. 여러분의 습관적 반응은 무엇인가? 아래 예시는 감정을 느낄 때 사람들이 일반적으로 어떻게 반응하는지를 보여 준다. 다이어리에 자신의 반응을 기록해 보자.

차단	감정에 잠기기
분산: 영상이나 소셜 미디어에 빠짐	압도당함
음식, 쇼핑, 술, 약물	소리 지르기, 공격적 성향
수치심	무기력
죄책감	절망

　여러분이 자주 하는 반응을 찾았다면 일상에서 그 반응이 드러날 때마다 주목하자. 과학자처럼 궁금증을 갖는다. 그런 다음 일부러 그 반응 대신 비반응적으로 행동하는 연습을 하자. 마음챙김의 자세로 그때 나타나는 감정에 주목하자. 그런 감정을 느끼면서도 호흡하고 앉아 있을 수 있다는 사실에 주목한다. 경험을 글로 남긴다.

차단 반응이나 감정에 잠기는 반응은 동전의 두 가지 면에 비유할 수 있다. 마음챙김의 자세로 감정이 생기는 그대로를 느끼고 받아들이는 중도를 선택하는 대신 양극단을 오가는 것이다.

여러분이 차단이나 감정에 잠기는 경험을 한다면 이런 건전하지 못한 습관적 패턴이 가족 내에서 이전부터 반복되었을 가능성이 크다. 노력하지 않으면 우리도 이 패턴을 아이에게 물려주게 될 것이다. 사려 깊은 부모가 해야 할 일은 무엇일까? 지금부터 양극단이 아닌 건강한 감정 표현의 중도를 살펴보자.

중도:
사려 깊은 수용

중도를 택하면 까다로운 감정 또는 상황을 밀어내거나 감정에 휩싸이지 않는다. 오히려 감정이 불러일으키는 느낌을 받아들이고 그대로 느끼는 법을 배워 적절하게 지나갈 수 있다.

◉ 저항은 더 큰 고통을 유발한다

화가 났을 때 그 사실을 느끼고 싶지 않아서 감정을 차단하거나 거부하는 것은 본능적인 반응이다. 불편한 일을 피하고 싶기 때문이다. 하지만 인생의 모든 아픔을 피할 수는 없고 아픔에 저항하는 일은 상황을 더 악화시킬 뿐이다. 이는 인간의 매우 흔한 행동인 까닭에 불교에서는 그에 대한 방정식을 생각해 냈다.

$$고통 \times 저항 = 괴로움$$

고통이라는 현실에 대한 저항은 상황을 더욱 악화시킨다. 괴로움을 유발하기 때문이다. 이 방정식이 말하고 있는 점이 하나 더 있다. 괴로움 없이 고통을 경험하는 것도 가능하다는 점이다. 이 두 가지는 같지 않다.

아이 때문에 좌절감을 느끼거나 화가 났다고 생각해 보자. 우리는 화를 내는 스스로에게 자괴감을 느낀다. 이때 감정을 차단하면 결국 폭발하게 되고, 감정에 빠져들면 훨씬 더 많은 시간과 에너지가 소모된다. 저항을 해서 괴로움이 가중되는 것이다. 괴로움 때문에 그 순간을 제대로 보기 힘들고 사려 깊게 대응하기 힘들어진다. 또한 판단이 추가되면서 갈등이 수면 아래에서 계속 끓어오를 가능성이 더 커진다. CHAPTER 3에서 다루었던 두 번째 화살이 바로 여기에 해당된다.

수용은 고통을 줄인다

정신분석학자 칼 융Carl Jung은 오래전 "우리가 저항하는 대상은 지속될 뿐 아니라 점점 크기가 자랄 것이다."라고 했다. 오늘날에는 "우리가 저항하는 대상은 지속된다."라는 축약된 표현으로 쓰이며, 감정을 차단하는 일이 얼마나 비효율적인지 지적한다.[8] 회피는 고통을 초래하고 제대로 된 삶을 살 수 없게 만든다. 나는 우리의 감정을 유아로 표현하고 싶다. 감정을 제대로 보고 듣지 않으면 우리에게 평화를 가져다 주지 못 하기 때문이다. 즉, 불편한 감정을 인정하고 수용해야 한다는 뜻이기도 하다.

고통스러운 감정이라는 현실을 받아들이면 우리는 그 고통을 더 빨리 치유할 수 있다. 반직관적으로 느껴질 수 있겠지만 '나는 여기에서 벗어나야 해!'라는 불편한 감정을 수용하고 받아들임으로써 오히려 불편함이 줄고 완전히 사라지기도 한다. 궁지에 몰렸다가 조금씩 벗어나는 상황을 생각해 보자. 요가를 해 본 적이 있다면 이런 경험이 있을 것이다. 요가 수행 중에는 불편함이 극에 달했다가 이내 편안해지는 경험을 한다. 불편함이 변화한다는 사실을 알게 되는 순간이다.

---

8) 〈거부하면 더 많이 얻게 된다. 왜일까?You Only Get More of What You Resist—Why?〉, 레온 셀처 Leon Seltzer. 2016

하지만 '수용'은 불편한 단어다. 수용한다고 해서 우리가 경험하는 감정을 좋아하게 된다는 의미는 아니기 때문이다. 그 순간을 경험의 일부로 받아들인다는 뜻일 뿐이다. 현실을 받아들이는 것이다. 그렇다고 해서 수동적이라거나 상황을 변화시키는 행동을 취하지 않는다는 뜻은 아니다. 수용은 모든 외부의 사람과 상황에 동의한다는 의미가 아니다. 또한 신념을 제한하는 일에 동의한다는 의미도 아니다. **'나는 이런 거 잘 못해.', '나는 나쁜 부모야.'와 같은 해로운 생각을 끊임없이 가로막고 변화시키며 선의의 싸움을 한다는 의미다.** 그러면서 우리는 머릿속에 떠오르는 불편한 감정을 수용할 수 있다. 감정은 여전히 존재하므로 당당히 맞서자. 저항하면 오히려 지속된다.

● 인정은 수용을 돕는다

감정을 수용하는 가장 간단한 방법은 CHAPTER 1에서 다룬 인정을 연습하는 방법이다. 불편한 감정이 나타날 때 다음으로 해야 할 일을 밀어붙이고 감정을 분산하거나 이성을 잃는 등의 방법으로 차단하지 말고, **느끼는 그대로**를 자신에게 말해야 한다. 감정에 꼬리표를 붙이는 단순한 방법으로 큰 위안을 얻을 수 있다. 예를 들어, 나는 불안해지기 시작하면 잠시 그 순간에 멈추고 그 감정을 인정하면서 "불안감 안녕? 나는 네가 보여."라고 말하는데 이 과정에서 내게 어떤 일이 일어나고 있는지 제대로 느낄 시간이 생긴다. 꼬리표를 붙이면 나를 붙들고 있는 불안감이 느슨해지고 그 감정이 지나갈 수 있도록 숨쉴 수 있는 공간이 생긴다.

수용에 대해 한 가지 더 언급할 점이 있다. **감정을 수용하는 연습을 하면서 그 감정을 변화시키려고 애쓰지 말아야 한다.** 수용은 상황을 고착시킬 수 있는 미묘한 형태의 저항일 뿐이기 때문이다. 마치 아이들처럼 우리의 감정도 조종당하고 싶어 하지 않는다. 그저 우리가 그 감정을 온전히 보고 듣길 원할 뿐이다.

● 근본적으로 치유되는 느낌

감각에 완전히 몰입하는 적극적 수용은 감정적 자유의 열쇠일지도 모른다. 프랑스 출신의 행동 및 의사소통 전문가인 루크 니콘Luc Nicon은 감정을 길들이기 위한 모든 정신적 노력은 실제로 역효과를 가져올 수 있다고 말한다.[9] 니콘의 연구에 따르면 심호흡이나 다른 관리 기술 없이 감정의 감각적 자극에 온전히 몰입하

---

9) 팟캐스트 〈사려 깊은 엄마〉에서 2018년 9월 18일에 방송한 "세드릭 베르텔리와 함께 치유의 초능력에 불을 켜자Turn on Your Healing Superpower with Cedric Bertelli".

면 감정은 오히려 쉽게 소멸되고 용해된다고 한다. 그는 프랑스어 머리글자를 따서 이 방법을 'TIPI(영어로는 '잠재 의식적 공포를 식별하는 기술technique to identify subconscious fears'을 뜻함)'라고 불렀다. 이 놀라울 만큼 단순한 연습은 다음과 같다.

실 천 과 제

TIPI

감정 패턴 조절을 시작하기 위해 감정에 동반되는 신체적 감각을 온전히 느껴야 한다. TIPI에 따르면 감정이 왜 생겨났는지는 중요하지 않다. 중요한 건 감정이 느껴진다는 사실이다. 이해하거나 조절하려고 애쓰지 말자. 책임을 따지지도 말자.

감정이 생길 때마다 다음의 단순한 단계를 따른다:

1 눈을 감는다.
2 몸에서 느껴지는 두세 가지 감각에 주목한다(목이나 가슴의 뻣뻣함, 조임 등). 감각에 온전히 집중할 수 있도록 마음속으로 이름을 붙이거나 메모한다.
3 감각이 발달하도록 두고 메모를 계속한다. 감각을 따라 호흡이 얕아지면 자연스럽게 얕은 호흡을 유지한다.

4 호기심을 지닌 채 관찰하고, 간섭하거나 이해하거나 통제하려고 들지 않는다. 몸이 평온한 상태를 회복할 때까지 감각에 주목한다(물론 말로는 쉽지만 실행하기 쉽지 않을 것이다).

5 눈을 뜬다.

위의 과정을 진행하는 데는 1분 내외의 시간이 소요될 것이다. 1~2주일간 감정이 떠오를 때마다 매일 TIPI를 실행하자. 스스로를 연구하는 과학자처럼 TIPI의 효과를 다이어리에 기록한다.

나는 TIPI를 처음 접했을 때 회의적이었다. 그래서 직접 테스트를 해 보았고 놀랍게도 이 단순한 방법은 매우 효과적이었다. 생각과 이야기를 제쳐 두고 신체에 온전히 집중하자 내 몸의 자연 치유 능력이 열렸다. 우리의 마음은 까다로운 감정을 치유하는 데 방해가 되고, 생각은 치유에 필요한 온전한 수용과 몰입을 가로막는다.

명상 심리학 박사인 타라 브랙Tara Brach 은 2003년《받아들임: 지금 이 순간 있는 그대로Radical Acceptance》에서 수용의 힘을 경험하는 또 다른 방법을 제시했다. 그녀는 생겨나는 모든 감정에 동의하는 연습을 권한다. 우리의 저항이 정신적 거부라면 수용은 효과적인 해독제가 될 수 있다. 다음을 연습해 보자.

예 vs. 아니요 연습

조용히 앉을 장소를 찾는다. 저항하고 있는 감정을 마음으로 불러온다. 이 감정은 외상을 입지 않은 상태에서 발생한 감정이어야 한다. 목, 가슴, 위장에 집중한다. 감정이 몸에서 어떻게 느껴지는지 주목한다.

느껴지는 감정에 '아니요'라고 말하기 시작한다. '아니요'를 1분 혹은 그 이상 말하자. 부정이 신체적으로 어떻게 느껴지는지 주목한다. 몇 차례 심호흡을 한다.

이제 감정에 '예'라고 말하기 시작한다. '예'를 1분 혹은 그 이상 말해 보자. '예'라고 할 때 몸에서 어떻게 느껴지는지 주목한다.

다이어리에 두 가지 경험을 비교해 기록한다.

'예 vs. 아니요' 경험을 연습하고 나면 '아니요'라고 말할 때 신체의 긴장이 증가되며, '예'라고 말할 때 긴장이 완화되어 감정을 받아들일 여유가 생긴다는 사실을 깨닫게 될 것이다. 출산을 할 때처럼 몸의 긴장을 풀면 고통을 줄이는 데 도움이 된다.

이런 단순한 방식으로 감정에 저항하는 대신 저항력을 완화하면 불편한 감정으로 인해 발생한 고통을 줄이는 데 도움이 된다.

또한 이런 연습을 하면 아이에게 건전한 감정 반응의 본보기를
보일 수 있다. 일거양득인 셈이다!

🎙 저항의 뿌리 의식하기

저항에 관한 단어들은 진실한 내적 표현을 드러내지만 불편
한 감정을 느끼는 과정은 여전히 힘들다고 느낄 수 있다. 자라는
과정에서 일종의 정서적 학대를 경험한 적이 있는 사람들은 분
노, 불안, 비통함, 당혹감, 회한, 슬픔 등의 감정을 **절대 받아들일
수 없는 감정**으로 느낄 수 있기 때문이다. 모두들 자라면서 "울지
마.", "기분이 나아질 때까지 네 방에 가 있어.", "눈물이 찔끔 나도
록 혼내 주마.", "예민하게 굴지 마." 등의 표현을 들었을지 모른
다. 이런 유해한 메시지는 우리 머릿속에서 비판적인 목소리로
변하고, 우리가 더 깊이 치유되지 못하도록 방해한다.

**힘든 감정에서 벗어나는 유일한 방법은 그 감정을 지나는 것에
달렸다.** 감정을 건전한 방법으로 처리하기 위해서는 감정을 느껴
야 한다. 감정을 온전히 느끼지 못하면 억눌리고, 건강하지 못한
방법으로 새어 나온 감정은 온갖 종류의 문제를 일으킨다. 그러
므로 나는 여러분이 모든 감정을 느끼도록 노력하길 바란다. 여
러분도 감정을 진심으로 느껴서 결국에는 감정에 좌지우지되지

않도록 하자. TIPI를 이용하는 방법도 좋고, '예'라고 동의하는 방법도 좋으니 감정을 받아들이는 연습을 하자.

'모든 감정 느끼기'는 여전히 힘들 수 있고, 감정을 무조건 수용하기엔 적절하지 않은 상황도 존재할 수 있다. 그렇더라도 까다롭고 불편한 감정을 진심으로, 의도적으로 느끼는 연습을 하면 건강한 방법으로 감정을 발산할 수 있게 된다. 하지만 감정을 표현하는 일이 안전하지 않을 때는 어떻게 감정을 느낄 수 있을까? 다음 두 가지 내용을 참고하자.

· **환경을 확인한다.** 까다로운 감정을 처리하기 전 안전하고 조용하며 안정적인 장소에 있는지 확인하는 것이 좋다. 우리가 어디에 있는지 생각해 보자. 눈을 감을 수 있다고 판단되면 괜찮은 장소다.

· **도움을 청한다.** 드러나는 감정이 충격적이거나 깊은 자극을 주는가? 특정한 사건이나 감정을 생각하면 자제력을 상실한다고 느껴지는가? 만일 그렇다면 충격적인 감정을 처리할 수 있도록 전문가에게 도움을 청하는 것이 좋다. 강렬하고 지속적이며 오래된 상처를 치유하기 위해 도움을 청하면 육아 과정에서 솟아나는 불편한 감정뿐 아니라 더 다양한 감정을 진심 어린 마음으로 처리하는 길을 개척할 수 있을 것이다.

● RAIN
: 까다로운 감정을 처리하는 마음의 길

RAIN은 까다로운 감정을 사려 깊게 처리하는 데 도움이 되는 자세의 머리글자를 딴 표현이다. 어떻게 하면 될까? 지금부터 파악해 보자.

Recognize: 인정

Allow or accept: 수용

Investigate: 살피기

Nurture: 돌보기

Recognize: 인정

힘든 감정을 마음챙김의 자세로 지나기 위해서는 그 감정을 인정하고 이름을 붙여야 한다. 불안, 공포, 무기력, 압도감, 슬픔, 비통함, 당혹감, 좌절 중 어떤 감정을 느끼고 있는가? 감정을 인정하기 위해서 머릿속으로 그 감정에 ('불안' 등의) 꼬리표를 붙여야 한다. 꼬리표를 붙이면 전두엽 피질에서 뇌의 언어 부분이 활성화된다. 그 감정을 인정하면 감정 차단의 중요한 단계를 막을 수 있다. 그 순간 상황의 현실이라는 사실을 인식할 수 있기 때문이다.

감정을 인정할 때 "나는 …이다." 대신 "나는 …을 느끼고 있어."

라고 스스로에게 말하자. 예를 들면 "나는 답답하다."가 아니라 "나는 답답하다고 느낀다."가 좋다. 이렇게 표현하면 그 감정과 우리를 동일시하는 일을 멈추는 데 도움이 되고 약간의 심리적·정서적 여유를 제공한다. "나는 부러진 발가락이야." 대신 "내 발가락이 부러졌어."라고 표현하지 않는가? 이런 표현법은 감정에 대해서도 일종의 객관성을 확보하는 방법이다.

Allow: 수용

감정을 인정하고 난 다음 단계는 거의 행동하지 않는 상태에 가깝다. 그 자리에 머물도록 수용하기만 하면 된다. 앞서 언급했던 수용의 연습이라고 생각해도 좋다. 방법은 무엇일까? 다양한 방법이 있다. '예 vs. 아니요' 연습을 이용해도 좋다.

선불교의 스승인 틱낫한의 방법은 이렇다. 아기를 팔에 안는 행동처럼 힘든 감정을 안아 주는 상상을 하는 것이다. "○○ 감정아, 거기 있어도 괜찮아. 내가 여기 있을게. 내가 너를 돌볼 거야."라고 말한다. 처음에는 바보처럼 느껴질 수도 있지만 내 경험에 의하면 어린 시절부터 계속된 경험을 수용할 만큼 깊고 심오한 방법이었다.

Investigate: 살피기

다음으로 이 감정이 왜 발현되었는지 온유하고 신중하게 살핀다. 감정을 밀어내거나 깊이 파묻히지 않으면 그 감정을 호기심 있게 바라볼 여유를 되찾을 수 있다. 우리가 우주의 외계인이라고 상상한 채 무엇을 느끼는지 호기심을 갖는다. 이 분노나 불안 또는 슬픔은 몸속에서 어떻게 느껴지는가? 어느 부위에서 가장 크게 느껴지는가? 생각의 폭포에 압도당하지 말고 외부에서 폭포를 바라보도록 노력하자. 떠오르는 생각은 무엇인가? 생각은 어디에서 출발하는가? 그 생각은 진실인가? 상황에 도움이 되는 생각인가?

이는 행동 중인 마음챙김 수행이다. 호기심을 갖되 가벼운 마음으로 임하자. 생각의 토끼굴에 갇히지 말자. 떠오르는 것들을 편안하게 봐야 한다.

Nurture: 돌보기

마지막으로 이 감정에 무엇이 필요한지 호기심을 가져 보자. 연민으로 어떻게 스스로를 보살필 수 있는가? 돌보기 단계에서 명상 심리학자 타라 브랙은 가슴에 손을 얹고 우리 안의 겁에 질리고 상처받은 부분을 쓰다듬을 메시지를 찾으라고 조언한다.

"괜찮아.", "네 잘못이 아니야.", "너는 혼자가 아니야.", "너의 선량함을 믿어 봐."라고 스스로에게 말해 본다. 상처를 달랠 수 있는 영적 존재나 반려동물처럼 나에게 무조건적인 사랑을 안겨 주는 대상을 가슴에 선물하는 방법도 도움이 될 수 있다.

RAIN을 통해 우리는 감정을 지나칠 수 있다. 감정을 차단하거나 감정에 압도당하는 대신 마음챙김의 자세로 신중하게 처리한 덕분이다. 이는 시간이 지날수록 쉬워질 것이다. 결국 더 빨리 회복하고 더 차분해질 수 있다. 함께 연습해 보자.

실 천 과 제

RAIN 명상

RAIN은 인정, 수용, 살피기, 돌보기를 말한다. 편안하고 안전한 장소를 찾은 다음 여기에 제시된 대본을 따라해 보자.

눈을 감고 척추를 곧게 세우고 깊게 심호흡한다. 다시 한번 숨을 깊이 들이쉬고 내쉰다. 숨을 들이쉬면서 들숨을 느껴 본다. 숨을 내쉬면서 날숨을 느껴 본다. 호흡을 들이쉬고 내쉬면서 근육을 이완하고 안정시킨다.

최근 경험했던 힘든 감정을 떠올려 보자. 단, 실제 사건처럼 재현하더라도 충격적인 사건은 피한다. 사건과 힘든 감정을 회상하고 마음속으로 영상처럼 재현해 본다. 가장 힘든 감정을 느낀 순간을 떠올린다.

이 명상의 첫 번째 단계는 감정과 그 감정에 동반되는 다양한 형태를 **인정**하는 것이다. 그 감정이 내게 어떻게 영향을 주고 있는지 관심을 기울여 보자. 신체 어디에서 감각을 느끼는지 주목한다. 호흡을 계속한다. 배, 가슴, 어깨, 팔, 손, 턱, 얼굴에서 감정이 어떻게 느껴지는지 주목한다. 밀어내거나 차단하지 말고 느껴지는 감정을 인정하자. '이 감정의 이름은 무엇인가?'라는 질문에 조용히 답한다. 판단하지 말고 호기심을 갖고 집중한다. 들숨과 날숨을 계속 유지한다.

다음 단계는 **수용**이다. 아기를 팔에 안은 듯 까다로운 감정을 안고 있다는 상상을 해 보자. "괜찮아. 거기 있어도 괜찮아. 내가 널 돌볼게."라고 감정에게 반복해서 말한다고 상상한다. 힘든 감정을 받아들이고 안아 주는 연습을 한다. 팔에 아기를 안고 있다고 계속 상상해 보자. 계속해서 감정에게 "괜찮아. 거기 있어도 괜찮아. 내가 널 돌볼게."라고 말한다. 이때 떠오르는 감각에 '예'라고 대답하는 것도 잊지 않는다.

세 번째는 감정의 성질을 **살피는** 단계다. 감정을 궁금해한다. 감정에게 "어디에서 왔니?"라고 살며시 묻는다. 떠오르는 감정에 호기심을 갖자. 어떤 생각이 떠오르는가? 그 생각은 어디에서 온 것일까? 그 생각은 진실일까? 도움이 될까? 힘든 감정이 나타날 때 몸과 호흡은 어떤가? 감정을 살펴서 더 잘 이해하도록 하자.

준비되고 나면 RAIN 명상의 마지막 단계로 이동한다. 마지막 단계는 동정심을 가지고 **돌보기**다. 힘들다는 사실을 인정할 때 자기 연민은 저절로 시작된다. 이를 위해서 상처받았거나 겁먹었거나 아픈 곳에 가장 필요한 것이 무엇인지 느껴 보고 위로의 메시지를 전한다. 안심시키는 말이 필요한가? 용서의 말이 필요한가? 동지애가 깃든 말인가? 사랑의 표현인가? 어떤 의도적인 친절의 표시가 가장 위안을 가져다 주는지 잘 관찰한다. 이때 "나는 여기에 있어.", "미안해, 그리고 사랑해.", "네 잘못이 아니야.", "너의 선함을 믿어."와 같은 말이 좋다.

가슴이나 볼에 부드럽게 손을 얹는다. 따뜻하고 환한 빛에 감싸인 모습을 마음속에 그린다. 자신에게 사랑을 느끼기 힘들다면 영적 존재, 가족, 친구, 반려동물 등 사랑하는 존재를 떠올리고 그 존재의 사랑이 자신에게 흘러들어

온다고 상상하자.

준비되면 의식을 호흡에 온전히 집중한다. 들숨을 느끼고 날숨을 느낀다. 그런 다음 의식을 확장해 몸과 소리와 방의 온도를 느껴 본다.

이 명상을 연습하고 나서는 조금 천천히 움직이며 그 느낌을 만끽한다. 다이어리에 생각을 기록한다. RAIN에 대한 반응은 어떠한가? 도움이 되었는가? 어떤 부분이 힘들었고 그 이유는 무엇인가?

RAIN은 '단번에 완성되는 연습'이 아니다. 인생을 살아가기 위한 도구로 생각하자. 인생의 피할 수 없는 어려움을 해결하는 데 도움이 되는 도구고, 시간이 지남에 따라 더 쉽게 회복할 수 있게 만드는 도구다.

어려운 감정을 하나하나 돌보는 일은 이 책에서 가장 중요하게 다루는 과제이므로 이 주제를 그냥 읽고 지나쳐서 연습을 소홀히 하지는 말자. 이 연습은 인생에서 가장 중요한 자신과의 관계를 완전히 변화시키는 힘을 가지고 있다.

처음에는 불편할 수 있지만 꼭 연습하길 바란다. 우리의 그림자, 즉 전혀 느끼고 싶지 않은 감정을 마주하는 일은 참으로 용기 있는 행동이다. 하지만 일단 경험하게 되면 자유를 찾을 수 있을 것이다. 이제 여러분은 더 이상 힘든 감정에 갇혀 있지 않을 수 있다. 힘든 감정을 돌볼 방법을 인지하면 더 큰 자신감으로 세상을 대하게 된다.

우리가 힘든 감정을 건전한 방법으로 돌보기 시작하면 아이도 그 모습을 본다. (아이가 배우길 원하는 삶을 사는 법을 기억하는가?) 자신의 감정을 돌보는 연습을 하면 아이도 건강하게 반응하는 법을 부모를 통해 배울 것이다.

이제 까다로운 감정을 보살필 도구를 갖게 되었으므로 아이를 어떻게 도우면 되는지 알아보자.

아이의 어려운 감정
극복 돕기

며칠 전 소셜 미디어를 훑다가 어린 여자아이를 둘러싸고 서 있는 어른 여러 명과 한 유명인의 사진을 보았다. 아이는 바닥에 앉아서 거칠게 발길질을 하고 있었고 무척이나 화가 난 것처럼 보였다. 그 유명인은 딸이 짜증을 부리는 동안 안전이 염려되어 주변을 둘러싸고 있었다고 설명했다. 아이는 공공장소의 지저분한 바닥에 앉아 있었고 지나던 낯선 이들이 쳐다보고 수군거렸다. 하지만 그 유명인은 현명하게도 주변의 압력에 굴하지 않고 딸이 감정을 발산할 수 있도록 했다.

나는 그 유명인의 이름은 오래전에 잊어 버렸지만 '어린이는 울어도 괜찮다.'라며 그가 전한 강력한 메시지에 감사하는 마음은 지금도 잊지 않는다.

● 강한 감정을 기대하고 받아들이기

어른들처럼 아이들도 격한 감정에 휩싸인다. 사실 20대 초반까지는 전두엽 피질이 완전히 발달하지 않는 까닭에 아이들은 오히려 쉽게 격한 감정에 휩싸일 수밖에 없다. 이는 성장기를 거치면서 피할 수 없는 부분이므로 부모는 아이의 힘든 감정이 당연하다고 생각하며 받아들여야 한다. 어른들처럼 아이들도 감정을 차단하고 억누르면 그 감정이 결국 형제자매에게 분노를 폭발시키고 마는 파괴적인 방식으로 분출된다. 우리는 이런 상황을 바라지 않는다. 그러므로 부모인 우리가 감정을 받아들이는 연습을 하듯 아이의 감정을 받아들이려고 노력할 뿐 아니라 아이도 자신의 감정을 받아들일 수 있도록 도와야 한다.

물론 우리가 배우고 자란 억압을 아이에게 가르치고 싶지 않다는 의견에 동의하고 있을지 모르지만 정말 아이가 분노나 슬픔을 느껴도 괜찮다고 생각하는가? 우리는 종종 아이의 격한 감정에 불편함을 느끼는 까닭에 본능적으로 즉시 '수정'하길 원하고, 장난감이나 영상으로 아이의 관심을 분산시킨다. 아이에게 "울지 마.", "괜찮아."라고 말한다. 하지만 아이가 격한 감정을 느낄 때 부모가 바로잡으려고 하는 대신 수용하고 받아들이는 연습을 하면 아이의 행동 방식이 바뀐다. 이제 해야 할 일은 부모인 자신이 느끼는 불편함을 처리하는 일이 되는 것이다. 아이에게는 바꾸거나 바로잡아야 할 점이 없어지기 때문이다.

바로잡지 않는다는 것은 실제로 어떤 모습일까? 공공장소에서 딸이 (안전하게) 생떼를 부리도록 허용한 유명인의 예와 비슷한 모습일 것이다. 아이가 울고 있다는 이유로 방에 가두지 않는다는 의미일 수도 있다. 장을 보던 중에 설탕이 들어간 시리얼을 사는 걸 거절당한 아이가 울기 시작하면 장보기를 중단하고 마트에서 나가서 아이가 울 수 있는 시간을 허락한다는 의미일 것이다. 아이에게 "화를 느껴도 괜찮아.", "슬픔을 느껴도 괜찮아."라는 메시지를 전한다는 뜻이다.

이런 육아 조언이 이상하다고 느껴지는가? 감정 표현은 건강한 일이다. 우리와 마찬가지로 **아이 역시 감정을 치유하기 위해서는 감정을 느껴야 한다.** 아이도 이야기하고 소리치고 울 수 있어야 한다. 아이에게 없어서는 안 될 격렬한 감정을 당연하다고 인정해 주면 아이는 건강한 감정 표현을 부정하는 부모의 자동 반응으로 인해 고통을 겪지 않아도 된다. '아이들은 이런 격렬한 감정을 느껴선 안 돼.'라는 생각은 부모와 아이 모두에게 큰 고통을 안겨 주는 두 번째 화살이다.

우는 건 나쁜 게 아니다

부모들은 대개 아이의 울음을 그치게 만들려고 무슨 일이든 한다. 야단을 치고, 선물 공세를 펼치며, 애원도 하고, 아이를 방에 격리하기도 한다. 하지만 아이들도 울 수 있어야 한다. 때때로 아이들은 많이 울어야 된다. 나도 엄마로서 딸이 우는 소리를 듣는 게 몹시 괴롭다. 하지만 장담하건데 아이도 울어야 한다는 현실을 받아들이면 우리 앞에 펼쳐진 양육의 길이 훨씬 순탄해질 것이다. 딸의 울음소리를 듣는 건 소름 끼칠 만큼 힘든 일이었지만 나는 결국 그 모든 일이 딸의 문제가 아니라 내 문제라는 사실을 깨닫게 되었다. 감정이 흐르는 대로 발산되도록 내버려 두면 그로 인한 어려움은 오히려 절반밖에 되지 않으리라는 사실을 깨닫는 데까지 나 역시 오랜 시간이 걸렸다.

아이들에게 울지 말라고 이야기하지 말자. 울음은 아이에게 카타르시스를 분출하는 수단이므로 울고 나면 아이들은 기분이 한결 나아진다. "마마보이가 되지 마라.", "남자답게 행동해야지!"처럼 남자아이를 겨냥한 말은 비교적 해롭지 않아 보일 수 있지만 그런 표현은 남자아이들이 자신의 감정을 드러내지 못 하도록 막는다. 감정을 밀쳐 내고 강해지라는 말은 남자아이들의 건강한 감정 발달을 저해한다. 부모가 먼저 눈물로 감정을 발산하고, 그런 행동을 했다고 사과하는 대신 눈물을 흘리는 행동이 큰일이 아니라는 것을 본보기로 보여야 한다. 남자아이와 여자아이 모두

에게 우는 행동은 기분이 나아지게 하는 건강한 행동임을 가르쳐
주자.

감정을 수용하고 행동을 제한하라

울음은 공격적인 행동을 동반하기도 하는 분노보다 받아들이
기 쉬울 때가 많다. 분노를 수용한다는 말은 파괴적이거나 해로
운 행동을 받아들이겠다는 의미일까? 물론 그렇지 않다. 감정을
수용하는 연습을 하면서 동시에 폭력적인 행동을 예방할 수도 있
다. (그리고 예방해야 한다.) 즉, 분노의 에너지를 표현하는 더 건
전한 방법을 보이고 가르칠 수 있다는 의미다.

언짢은 상황이 오기 전에 분노를 돌보는 방법에 대해 미리 아
이와 이야기를 나누자. 아이가 앉을 수 있는 특별한 담요나 부드
러운 장난감을 줘도 좋고, 그림을 그리거나 종이를 찢을 수 있는
장소를 마련해도 좋으며, 작은 트램펄린에서 뛰도록 해 주어도
좋다. 하지만 부모가 먼저 분노를 돌보는 본보기를 제공하는 게
가장 효과적인 방법이라는 사실을 기억하자. 부모가 화났을 때
소리치거나 이성을 잃으면서 어떻게 아이가 다르게 행동하리라
기대할 수 있겠는가?

● 격렬한 감정을 지닌 아이를 도울 도구

모든 감정은 받아들여질 수 있다는 근본적인 믿음이 확고히 자리잡았다면 이제 우리는 아이의 격한 감정을 어떻게 돌보면 되는지 모범을 보일 코치나 도와주는 사람이 되어야 한다. 격한 감정이 생길 때 첫 번째 단계는 우리 스스로 중심을 잡고, 강한 감정에 뒤따라온 다른 감정이나 기억을 인지하는 것이다. '나는 지금 아이를 도울 수 있나? 나는 지금 진정하고 나의 반응성을 줄일 시간이 필요한가?'라고 질문한다.

비교적 건강하고 안정된 상태라면 아이에게도 좋은 코치가 될 수 있다. 이성을 잃는 행동보다 잠시 휴식을 취하는 것이 훨씬 좋은 방법이라는 점을 기억하자.

떼쓰는 행동 참기

떼쓰기는 불편함을 표현하는 아이들만의 방법이다. 아이가 제대로 생떼를 부리는 상황이면 그 자리에 머물면서 안전하게 지켜 주고 다른 사람을 해치거나 물건을 망가뜨리지 않도록 하는 일 외에는 도와줄 방법이 딱히 없다. 이는 매우 힘든데, 아이가 심하게 떼쓸 때 부모의 격한 감정을 자극할 수 있기 때문이다. 이때 CHAPTER 2에서 살펴보았던 자신을 돌보고 자극 요소를 진정시키는 도구를 활용해 보자.

여러분이 그 자리에 머물 수 있는 상태면 호흡을 유지하면서 아이의 거친 감정을 수용하는 연습을 하자. 부모의 이런 행동은 아이에게 좋은 메시지를 전달한다. "나는 널 지켜보고 있어. 나는 네 목소리를 듣고 있어. 지금 느끼는 감정도 괜찮아. 나는 널 위해 여기 있어. 넌 안전하단다."라고 말하는 것과 같은 행동이다. 아이가 자신은 안전하며 버려지지 않았다고 느끼면 격한 감정도 더 빨리 해소할 수 있게 된다. 아이는 '네가 어떤 감정에 휩싸이든 나는 널 사랑해.'라는 무조건적 사랑을 느낄 수 있다. 부모가 옆에 조용히 존재하는 그 자체가 아이의 강렬한 반응을 잠재운다.

아이의 떼쓰기가 끝나면 물리적 방법으로 아이를 지지해 준다. 안아 주고 등을 쓰다듬어 준다. 이런 사랑의 표현을 통해 아이는 안전함과 괜찮다는 사실을 느끼고 더 빨리 감정을 회복할 수 있게 된다.

다음은 아이가 떼쓸 때 하면 좋은 연습이다. 꼼꼼하게 읽어 보고 떼쓰기가 시작되었을 때 어떻게 할지 파악해 두자. 색인 카드에 기본적인 내용을 적어 두고 편리하게 활용해도 좋다.

아이의 생떼와 함께하기

아이가 떼쓰는 동안 옆에 머물러 주는 건 매우 힘들겠지만 아이와의 관계에서 다양하고 값진 보상을 안겨 준다. 부모의 무조건적 사랑을 보여 줄 기회이기 때문이다.

방법은 간단하다. 아이를 방으로 돌려보내거나 혼자 두지 않는다. 대신 아이와 함께 머문다. 편안하게 느껴질 때까지 최대한 가까이에서 아이의 안전을 지키고, 위험한 요소로부터 아이를 보호한다. 아이의 눈높이에 맞춰 앉거나 자세를 낮춘다.

우리의 감각과 생각에 집중한다. 긴장되기 시작하는가? 그렇다면 깊고 느리게 숨을 들이마시고 내쉬어 스트레스 반응을 진정시킨다. 혹시 이 상황에서 달아나고 싶다는 생각이 드는지 점검한다. 가능하면 자신이 느끼는 감정에 관심을 기울인다. 그 감정을 인정하고 나서 느리고 안정된 호흡을 유지하도록 노력한다. 당혹감을 느끼거나 화가 치밀어 오를 수도 있다(특히 공공장소에 있다면). 그 감정을 인정하면서 아이와 함께 머물며 느리고 깊은 호흡을 해 본다. 신체의 긴장을 완화시키자.

"나는 아이를 돕는 중이야."라고 스스로에게 말해서 아이가 위협적인 존재가 아니라는 점을 신경계에 전달한다. 올바른 표현을 찾기 위해 자신에게 압박감을 안기지 말자. 아이와 함께 있는 것만으로도 충분하다는 사실을 기억하자. 이렇게 힘든 순간에 반응적으로 행동하지 않는 연습을 하면 나중에 이와 비슷한 상황에서도 잘 헤쳐 나갈 수 있을 것이다. 곁을 지키는 행동이 아이에게 '나는 널 보고 있어. 나는 네 말을 듣고 있어. 격렬한 감정을 느껴도 괜찮아.

어떤 일이 있어도 나는 너와 함께 할 거야. 넌 안전해.'라고 말하는 의미라는 것을 기억하자.

아이의 떼쓰기가 진정되면 안아 준다. 서두르지 말자. 천천히 회복할 시간을 갖자.

떼쓰는 아이와 함께 있는 것만으로도 아이의 반응과 회복 시간에 변화를 줄 수 있다는 데에 주목해야 한다. 아이가 생떼를 쓸 때 마음챙김의 자세를 유지한 자신에게 박수를 보내자. 정말 힘들지만 부모로서 엄청난 진전을 이루었다. 강렬한 감정 표현을 견디는 일은 부모와 아이 모두에게 엄청난 선물이 된다.

이야기를 전하자

무섭고 속상한 일이 있을 때 아이들은 감정을 처리하기 위해 도움을 필요로 한다. 아이의 뇌는 감정에 휩싸여 있으므로 이때 언어 기반의 처리 능력 기관인 전두엽 피질을 소환하는 방법을 사용하면 좋다. 어떤 일이 일어났는지 말로 표현하는 방법을 써보자.

《뒤집어 본 육아》에서 저자 대니얼 시겔 교수와 부모 교육 전문가 메리 하트젤은 '이야기는 뇌 전체를 통합하는 도구'라고 설명한다. 아이에게 경험을 이야기하면 사건을 이해하고 감정을 건강한 방법으로 처리하는 데 도움이 된다.

나는 딸들과 휴가를 보내면서 이야기의 힘을 직접 경험했다. 6시간의 자동차 여행 끝에 부모님 댁에 도착하자마자 할아버지가 쓰러지셨다는 소식을 들은 것이다. 부모님은 할아버지를 돕기 위해 즉시 떠나야 했다. 결국 남편과 딸들, 나는 부모님 댁에 남겨졌다. 할아버지의 관한 소식이 전해질 때마다 계획은 시시각각으로 변하는 중이었다.

당시 아홉 살이었던 첫째 딸은 불안해하기 시작했다. 계획이 계속 변경되는 상황에 화를 냈고 급기야 울음을 터뜨렸다. 샤워를 하러 들어가고 나서도 울음이 점점 거세지고 있는 것이 화장실 밖에서도 느껴졌다. 나는 샤워를 끝내고 나와서도 여전히 울고 있는 딸에게 다가가 젖은 몸을 수건으로 감싸 주었다. 그런 다음 집을 나서던 순간부터 시작되었던 우리의 휴가 이야기를 아이의 관점에서 차근차근 설명해 주었다. 자세한 내용과 감정을 곁들여 현재까지 이르게 된 이야기를 모두 풀어 놓았다.

이야기가 모두 끝난 다음 딸의 진정된 모습을 보고 남편과 나는 깜짝 놀랐다. 딸은 완전히 몰입해서 자초지종을 들었고 이야기는 충분히 효과적이었다. 딸은 울음을 그쳤고 남은 시간을 순탄하게 보낼 수 있었다.

아이가 심하게 떼를 쓰거나 격분하는 상황이 아니라면 이야기는 상황을 처리하는 데 매우 강력한 무기가 된다. 부모가 이야기할 수도 있지만 아이에게 이야기를 들려 달라고 부탁할 수도 있다. 어쩌면 아이는 머릿속으로 정리해야 할 경험에 관해 이야기하고 또 이야기할지도 모른다. 반복해서 이야기할 기회를 주고 진심 어린 마음으로 들어 주자. 아동 심리 치료사처럼 행동과 감정을 재현하기 위해 헝겊 인형이나 천과 같이 부드러운 재질로 된 장난감 등을 이용해 이야기를 풀어내는 방법도 좋다. 이야기를 하면서 아이가 건강하고 균형 있는 삶을 이어갈 수 있도록 도와 주자.

힘든 감정 돌보기

분노, 두려움, 슬픔과 같은 힘겨운 감정은 부모와 아이 모두 인생을 살아가면서 피할 수 없는 부분이다. 다만 감정을 수용하고 인정하면 할수록 감정을 더 잘 처리하게 되고, 감정에 저항하면서 유발되는 고통을 피할 수 있다.

감정을 밀어내는 행동은 문화적 혹은 가족 내에서 이어진 것일 수 있지만 시간을 두고 점차 변화시킬 수 있는 패턴이다. 우리가 강한 감정을 진심으로 인정하고 받아들이며 보살피고 북돋울 수 있게 되면 아이가 원할 때 든든하게 존재하는 부모가 될 수 있다.

세상에 펼쳐지는 고난을 보면 대부분의 시련이 자신의 힘든 감정을 제대로 보살피지 못한 까닭에 유발되는 듯하다. 우리가 이런 패턴을 가족 내에서 바꾸기 시작한다면 다음 세대를 위한 변화를 이끌어 낼 수 있을 것이다.

앞으로 이어질 CHAPTER에서는 어떻게 하면 아이와 더 효과적으로 의사소통을 할 수 있는지 살펴볼 것이다. 아이가 협조하도록 만들려면 어떻게 대화하면 되는지, 우리의 말이 어떤 방식으로 아이와의 관계에 방해 요소로 작용하는지 보다 구체적인 사례와 그 안에서 나눈 일상적인 대화 등을 통해 알아볼 것이다.

계속 강조해서 말하지만 꼭 기억해야 할 점이 있다. 마음챙김 명상은 근본적인 변화의 기초가 된다는 사실이다. 자신을 더 잘 인식하고 아이와 진심으로 현재의 순간에 함께하는 연습을 계속하길 바란다.

이번 주의 실천 과제

- ✓ 일주일에 4일에서 6일, 하루 5분에서 10분간 좌식 명상 혹은 바디 스캔 명상하기
- ✓ 일주일에 4일에서 6일, 사랑과 친절 연습하기
- ✓ TIPI 연습
- ✓ RAIN 명상
- ✓ '예 vs 아니요' 경험
- ✓ 아이가 생떼를 부릴 때 같이 있어 주기(가능하다면!)

PART 2

온화하고 자신감 있는 아이로 키우기

RAISING
GOOD
HUMANS

"우리가 하는 말은 이미 알고 있는 내용을
반복하는 말이다. 그러나 다른 사람의 말을 들으면
예전에는 알지 못 하던 새로운 것을 배울 수 있다."

— 달라이 라마Dalai Lama

도움의 말 듣고 치유하기

이 글을 쓰고 있던 어느 날 딸이 완전히 흥분한 상태로 뛰어 들어왔다.

"엄마! 내가 이야기했지만 걔는 제대로 정리하지 않았어요. 그러곤 완전히 엉망으로 만들었어요!"

또 시작됐군! 이런 상황에서 나의 반응은 위기를 고조시킬 수도, 진정시킬 수도 있었다. 노련하지 않은 반응은 무의식중에 수많은 해로운 메시지를 전할지도 모를 일이었다. 하지만 야무지게 반응한다면 나는 딸이 자신의 힘든 감정을 해결하도록 돕는 육아의 달인으로 등극할 수도 있었다.

무슨 말을 해야 할까? 엄청나게 어려운 질문이다. 마음챙김은 우리가 더 현실적인 사람이 되기 위한 기초가 되어 주지만 마음챙김만으로는 충분하지 않다. 우리가 선택하는 단어는 부모인 우리의 일상에 엄청난 영향을 준다. 그러므로 어릴 때 우리가 자주 들었던 단어를 다시 반복할 것이 아니라 표현 하나하나에 신중할 필요가 있다. 말은 해로운 패턴을 세대에 걸쳐 전달하는 도구이기 때문이다. 이번 CHAPTER에서는 우리가 날아오르도록 도울 두 번째 날개, 즉 세련된 의사소통 기술에 대해 다룰 것이다.

행복한 순간에 대처하기란 어렵지 않다. 누군가에게 문제가 있을 가능성이 희박하기 때문이다. 갈등은 양쪽 당사자가 자신의 니즈를 충족하려고 할 때 생기는 결과다. 아이가 자신의 니즈를 충족하려는 방식은 부모의 방식과 충돌할 수 있고, 그 반대 상황도 마찬가지다. 아이의 문제가 내게는 전혀 신경 쓰이지 않는 일일 수 있지만 그 반대의 경우도 가능하다는 의미다. 그러므로 '무슨 말을 해야 할까?'에 답하기 전 누구에게 어떤 문제가 있는지 부터 파악해야 한다. 해답은 지금까지 연습해 온 마음챙김 질문 안에 있다.

01

마음챙김의 자세로
문제에 접근하기

'힘든 순간에 마음챙김의 자세를 갖는다'는 말을 근사하다고 생각할 수 있지만 딸이 요즘 계속해서 남동생을 괴롭히고 있다면 초심자의 마음과 공감은 이 상황에 어떻게 도움이 될 수 있을까? 사실 문제와 갈등이 벌어진 상황은 호기심과 공감을 연습하기에 이상적인 출발점이다.

일반적으로 우리는 누군가에게 잘못이 있다는 선입견을 바탕으로 갈등 상황에 접근한다. 또한 아이의 행동에 어떤 문제가 있는지에만 관심을 두는 경향이 있다. 하지만 지레짐작을 최소화해야 문제를 해결하는 데 도움이 된다. 아이는 단순히 자신의 니즈를 충족하려는 것뿐이라는 사실을 이해할 때 문제를 더 효과적이고 평화롭게 해결할 수 있다(서투르고 철없지만 아이들이 다 그렇지 않은가?).

만약 이번 주에 아이와의 관계에서 갈등이 생겼다면 다음의 두 가지 질문을 스스로에게 해 보길 바란다.

"아이가 충족하려는 **니즈**는 무엇인가?"
"**누구에게** 문제가 있는가?"

예를 들어, 아이가 거실 한가운데에 가방을 내팽개쳤으면 문제라고 느낀 사람은 부모이지 아이가 아니다. 집이 정돈되길 원하는 사람은 부모이기 때문이다. 이와 달리 학교에서 친구와 다툼을 벌였다면 문제는 누구에게 있을까? 이때는 아이에게 문제가 생긴 것이지 부모에게 문제가 생긴 건 아니다. 아이의 주장은 부모의 삶에 문제를 거의 일으키지 않지만 끈끈한 정과 우정에 관한 아이의 니즈가 충족되지 않는 상황이다. 그러므로 누구의 니즈가 충족되지 않았는지를 먼저 파악해야 한다.

지금부터 하는 설명은 어렵지만 동시에 자유를 안겨 줄 것이다. 준비되었는가?

부모는 아이의 문제를 해결하거나 바로잡을 필요가 없다.

무슨 말일까? '좋은 부모'가 되려면 아이의 문제를 해결하거나 바로잡아야 하는 게 아닐까? 절대 아니다. 부모가 아이의 문제를 떠안거나 해결하면 아이는 스스로 문제를 해결할 기회를 얻지 못한다. 이는 아이의 능력을 못 믿는다는 뜻을 전하는 행동과 같다.

아직 아무런 힘이 없는 갓난아기라면 부모는 아이의 모든 문제를 해결해 주려는 노력을 아끼지 않아야 한다. 하지만 아이가 자랄수록 부모의 역할이 변한다. 부모의 역할은 해결사에서 아이가 스스로 문제를 해결하도록 도와주는 멘토에 점점 더 가까워진다. 이제 우리는 좋은 멘토가 되는 데 필요한 의사소통 기술을 배울 것이다. 우선은 아이의 모든 문제를 해결해 주어야 한다는 마음가짐에서 벗어나자.

'이 상황은 누구의 문제인가?'라는 질문에서 시작하자. 아이에게 문제가 있다면 부모는 모든 해결책과 해답을 가진 사람이 아니라 '도우미'가 되어야 한다. 이 마음가짐은 우리에게 엄청난 자유를 안겨 준다. 왜냐하면 부모가 모든 문제의 해결책을 가진 것은 아니기 때문이다. 드디어 그 짐을 내려놓을 때가 왔다!

판단하려는 태도를 멀리하고 갈등을 바라볼 수 있다면 우리는 조금 더 신중하게 반응할 수 있다. 문제는 내가 아니라 딸에게 있다는 사실을 파악하면 상황을 객관적으로 바라볼 수 있으므로 반응성이 줄어든다.

실 천 과 제

누구의 문제인가?

아이에게 대답하기 전 잠시 멈추는 연습을 한다. 스스로에게 '누구의 문제인가?'라고 질문한다.

 아이의 문제라면 부모는 해결사가 아닌 이해심 많은 도우미 역할을 맡아야 한다. 아이는 무엇을 원하는가? 아이가 자신의 니즈를 더 좋은 방법으로 충족할 수 있게 하려면 어떻게 도와야 할까? 판단을 앞세우기 전 CHAPTER 1에서 살펴본 초심자의 마음과 상황에 대한 호기심을 동원하자.

아이에게 자신의 문제를 '떠안도록 하고' 한 걸음 물러나는 건 쉽지 않겠지만 매우 중요한 일이다. 《헬리콥터 부모가 자녀를 망친다》(두레, 2017(원제: 《How to Raise an Adult》, 2015))의 저자 줄리 리스콧 헤임스Julie Lythcott-Haims는 아이를 위해 부모가 지나치게 관여할 때 어떤 문제가 생기는지 설명하면서 다음과 같은 충격적인 연구 결과를 전했다.

"헬리콥터 부모를 둔 아이는 새로운 아이디어와 행동에 소극적이고, 더 취약하고 불안해하며, 남의 시선을 더 많이 의식한다. 헬리콥터 부모의 아이는 불안과 (혹은) 우울 증세로 약을 복용할 가능성이 더 크다."

이처럼 아이를 위해 지나치게 나서는 행동은 비참한 결과를 초래할 수 있다.

부모는 사회적으로, 또래 집단으로부터, 혹은 가족으로부터 아이가 시련과 어려움을 겪지 않도록 이끌어야 한다는 압박감을 받기도 한다. 부모 코칭을 하면서 나는 아이의 모든 문제에 지나치게 관여하는 의뢰인에게 '내 문제가 아니야.'라는 주문을 외면서 한 걸음 물러서라고 조언한다. 문제 상황에서 어떻게 균형을 맞춰야 하는지 파악하기 위해서는 자신을 더 잘 알고, 스스로의 성향을 조절할 수 있도록 자기 인식을 연습하는 것이 중요하다(마음챙김 수련이 도움이 될 수 있다).

02

듣기의 치유 능력

아이에게 문제가 생기면 부모는 어떻게 도움을 줄 수 있을까? 내 딸은 두 살 때 생떼를 심하게 쓰기 시작했는데 하루에 몇 번씩이나 통제가 힘들 만큼 떼를 쓰곤 했다. 남편과 내가 보기에 딸은 언제든 폭발할 시한폭탄과 같은 존재였다. 불안과 스트레스가 나를 쥐어짜고 있었다. 어떻게 대응했을까? 나는 현실을 직시하고 듣는 법을 배워야 했다.

● 현실에 뿌리를 둔 자기 연민에서 시작하기

먼저 내 스트레스 반응을 컨트롤해야 했다. 격렬한 감정에 휩싸인 딸의 얼굴을 보면서 내가 평정심을 유지할 수 있었을까? 물론 아닐 때가 많았다. 그래서 나는 내 분노를 진정시키기 위해 '물러서야' 했다. 소리를 지르는 행동은 힘든 상황을 더 악화시킬 뿐이므로 진정하기 위해 조금이라도 숨쉴 공간을 찾는 게 도움이 되었다. 화난 아이의 곁에서 자리를 비운다는 선택이 썩 내키지는 않았지만 나까지 짜증을 부리는 것보다는 나았다. 아이의 안전이 확실하다면 잠시 그 자리에서 벗어나는 것이 더 훌륭한 선택일 수 있다.

내가 평정심을 유지할 수 있을 때도 다른 문제가 존재했다. 내 말이 아이의 성질을 또다시 건드렸기 때문이다. 마음챙김은 내가 진정하고 현실에 머무는 데에는 도움이 되었지만 여전히 내 말투가 아이의 저항을 유발했다. 내 말은 상황을 나아지게 만들지 못하고 악화시켰지만 당시의 나는 더 능숙한 의사소통 기술을 몰랐다. 그래서 배우기 시작했다. 지금부터는 아이의 저항을 자발적인 협력으로 완전히 바꿔 놓을 수 있었던 의사소통 도구를 공유하려고 한다.

주의사항이 있다. 아이와의 효율적 의사소통 기술을 배우면서 자기 연민을 연습하고 자신을 비판하려는 태도는 버려야 한다는 점이다. 지금까지의 의사소통 기술이 아이와의 관계에 해가 될 수 있다는 사실을 깨달으면 얼마나 좌절감이 느껴지는지 나 역시 경험해서 잘 알고 있다. 하지만 마음챙김을 기억하자. 마음챙김 수련은 더 건강하고 판단성을 낮춘 변화를 만드는 데 필요한 공간과 명료성을 안겨 줄 것이다. 스스로에게 연민을 갖자. 그리고 여러분은 혼자가 아니라는 사실을 기억하자. 우리는 모두 애쓰고 있다.

● 관계의 연결 고리를 강화하기 위한 듣기

관계는 연결 고리를 기반으로 생겨나며 연결 고리는 반응, 즉 의사소통을 통해 발달한다. 근본적으로 우리는 모두 다른 사람이 나를 보고 듣길 원하며 가까운 관계일 때는 더욱 상대방이 나를 보고 내 말을 듣길 원한다. 하지만 안타깝게도 우리는 아이를 포함한 가장 가까운 관계에서 자주 관심을 제대로 기울이지 않는다. 아마도 자동 조종 모드이거나 무언가를 '처리 중'이거나, 마무리하고 있거나, 현관으로 나가는 중이었기 때문일 것이다. 어쩌면 통화 중이었을지도 모른다. 최소한의 주의만 기울이고 듣는 것이다. 그런 까닭에 마음챙김 명상은 근본적인 수행이 되어 준다. 아이들은 서둘러 신발을 신으라는 재촉 대신 부모의 몸과 마음과 정신이 진심으로 함께 존재하길 원한다. 2003년 내가 참석했던 수련회에서 틱낫한은 이렇게 표현했다.

"당신이 누군가를 사랑할 때 할 수 있는 가장 좋은 일은 그 사람과 함께 있는 것이다. 함께 존재하지 않는다면 어떻게 그 사람을 사랑할 수 있을까?"

아이는 부모에게 말을 걸 때마다 부모와 끈끈한 관계를 맺길 원한다. 아이가 부모와의 관계를 형성하고 싶어 할 때마다 마음챙김의 신호로 받아들이자. 잠시 멈추고, 모든 관심을 기울여 아이의 말을 들어야 한다. 휴대폰을 놓고 모든 일을 내려놓은 채 아이와 온전히 함께 있는 연습을 하자. 만약 그러기 힘들면 아이에게 지금은 듣기 힘든 상황이라고 이야기를 해 주자.

사려 깊은 마음으로 집중해서 판단을 배제하고 주의 깊게 듣는 연습을 해야만 아이에게 무슨 일이 일어나고 있는지 제대로 이해할 수 있다. 이렇게 하면 아이는 부모가 자신을 보고 듣고 있다는 사실을 느낀다.

주의 깊게 듣는 행동은 어려움을 겪고 있는 누군가를 도울 때 가장 중요한 요건이다. 상대방이 이야기하는 과정에서 문제를 제대로 보고 해결의 실마리를 찾을 수 있기 때문이다. 듣는 것이 해결책을 찾는 데 필요한 전부일 때도 있다. 부모가 진심으로 아이와 함께 존재한다는 사실을 보여 주면 아이는 부모가 자신을 이해한다고 느낀다. 아이는 부모가 불편한 감정을 비롯해 자신의 모든 걸 있는 그대로 받아들이기를 원한다. 받아들여진다는 느낌은 사랑받고 있다는 느낌이며, 결국 그 느낌이 수많은 문제를 해결한다.

부모가 연민의 감정으로 아이의 문제를 듣는다는 말은 아이의 선택을 묵인한다는 의미가 아니다. 오히려 부모가 단순히 아이와 아이의 감정을 (행동은 포함되지 않을 수도 있다) 받아들인다는 사실을 보여 주는 행동이다.

아이에게 문제가 생겼을 때 관심을 집중해 들으면 마법과 같은 일이 일어난다. 이렇게 되면 말 한마디 없이도 충분히 의사소통을 할 수 있다. 이제 말을 줄이고 더 많이 듣도록 노력하자!

일주일 정도 시간을 정해서 말을 줄이고 듣는 데 더 집중해 보자. 관계에 변화를 형성할 수 있을 것이다. 모든 문제를 해결해 주려는 기존의 습관을 버리면 더 사려 깊고 호기심 많은 스스로를 발견하게 될 것이다. 아이가 이 변화를 눈치챌 수 있다면 더 좋다.

사려 깊은 자세로 듣기

말없이 모든 관심을 기울여 듣는 습관을 만들자. 아이가 말을 걸어 올 때도 마음챙김 수련이라고 생각하면 현재의 순간에 온전히 집중할 수 있다.

현재에 온전히 집중하기 위해 다음 방법을 실천해 보자.

· 확인해야 한다는 유혹을 느끼지 않도록 휴대폰이나 산만함을 유발하는 다른 물건을 치운다.

· 방해 요소를 제거하고 나서 아이를 향한 보디랭귀지에 관심을 집중한다. 아이가 있는 방향으로 몸을 향하고 시선도 아이를 향하도록 한다. 아이가 불편한 내용을 말하는 중이면 눈을 맞추지 않으려고 할 수도 있지만 괜찮다. 나란히 앉으면 된다.

· 과거나 미래로 마음이 분산되거나 판단하려고 들거나 반응을 계획하고 있다면 마음챙김 기술을 동원해 다시 정신을 모으자. 그리고 그저 가만히 아이가 하는 말을 듣는 연습을 하자. 아이가 원하는 것은 무엇인가? 무슨 일이 일어났는가? 아이는 어떤 감정을 느끼고 있는가?

아이에게 마음과 몸을 집중하고 주의 깊게 들어 주는 것만으로도 더 강한 관계의 연결 고리를 형성할 수 있다. 일단 시도해 보고 한마디도 하지 않는 이 행동이 아이와의 관계에 얼마나 큰 도움이 되는지 직접 느껴 보자.

03

하지 말아야 할 말

부모와 아이의 유대감을 강화하는 데 가장 필수적인 요소는 듣기다. 더불어 또 중요한 요소는 모든 문제를 해결해 줘야 한다는 부모의 충동을 버리는 일이다. 그렇다면 **어떻게 말해야 할까?** 영원히 침묵할 수는 없다. 그리고 우리가 할 수 있는 반응 중에서도 더나은 선택은 분명히 존재한다.

우선 도움이 되지 않을 표현부터 살펴보자.

모래밭에서 놀던 아이가 몹시 화가 난 얼굴로 달려왔다고 가정해 보겠다. "라일리가 내 양동이를 훔쳐 갔어! 나랑 잘 놀고 있었는데 다른 데로 갔어. 그리고 이젠 나한테 못되게 굴어. 나 집에 갈래!"

이런 상황이면 부모는 무슨 말을 해야 할까? 나와 다름없는 보통의 부모라면 이런 반응을 하게 될 것이다.

"이런, 라일리는 틀림없이 지금도 널 좋아할 거야."

"가끔은 이런 일이 생기기도 해. 어리광 부리지 마."

"네가 더 양보하면 친구와 좋은 관계를 유지할 수 있을 거야."

"라일리에게 돌려 달라고 부탁해 보면 어떨까?"

"괜찮아. 과자 먹을래?"

익숙하게 들리는가? 아마도 여러분은 이런 말을 들었거나 다른 부모가 아이에게 이런 식으로 말하는 걸 들었을 가능성이 크다. 자, 지금부터는 이런 말을 듣는 당사자가 자신이라고 상상해 보자. 양동이와 모래밭 대신 당신의 오랜 친구인 라일리가 예전에 빌려 간 재킷을 돌려 주지 않으면서 밉살맞게 행동한다고 가정해 보는 것이다. 화가 난 채 이 문제를 배우자에게 말했고 당신의 배우자는 이렇게 반응한다.

"이런, 라일리는 틀림없이 지금도 당신을 좋아할 거야."

"가끔은 이런 일이 생기기도 하잖아. 별것도 아닌데 투덜거리지 마."

"당신이 더 너그럽게 행동하면 친구와 좋은 관계를 유지할 수 있을 거야."

"라일리에게 돌려 달라고 부탁해 보면 어떨까?"

"괜찮아. 간식 먹을래?"

'아니. 나는 안 괜찮아. 지금 간식이 문제냐고!' 또는 '어쩜 이렇게 둔감할 수 있을까?'라고 생각할지 모른다. 하지만 우리는 아이에게 이렇게 둔감하게 반응할 때가 너무 많다. 우리 대부분은 문제를 가진 사람에게 세련되게 반응하는 방법을 배우지 못했다. 이 반응들은 모두 상대방의 감정을 인정하지 않고 있다. 이 반응들은 전부 도움이 되지 못한다. 상대방의 감정을 수용하지 않는다는 메시지를 전달하고 있기 때문이다.

"네가 더 양보하면 친구와 좋은 관계를 유지할 수 있을 거야."와 같이 반응하면 비난과 판단으로 대화를 중단시키게 된다. "가끔은 이런 일이 생기기도 해. 어리광 부리지 마."라는 반응은 상대방의 기분을 부정하는 내용을 담고 있다. "라일리에게 돌려 달라고 부탁해 보면 어떨까?"라고 말하며 상대방이 문제를 '해결'하도록 말하면 당사자의 기분을 인정하는 과정을 건너뛰게 되므로 상대방의 기분이 언짢아진다.

가장 우려되는 것은 이런 반응이 관계에 흠집을 낸다는 점이다. 아이가 부모에게 협조적인 모습을 보일 토대를 구성하는 것은 부모와 아이의 **긴밀한 연결 고리**이기 때문이다.

● 의사소통의 장애물

〈사려 깊은 부모Mindful Parenting〉 프로그램에서는 이런 반응 유형을 '장애물'이라고 부른다. 의사소통의 흐름을 끊어 놓기 때문이다. 부모가 이런 장애물을 제시하면 아이는 마음을 열지 못한다.

의사소통의 장애물

· 비난

· 인신공격

· 위협

· 명령

· 무시

· 해결책 제안

구체적인 대화 예시

· 비난: 너는 그냥 하기 싫은 거구나.

· 인신공격: 아기처럼 굴지 마. 이제 다 컸잖아.

· 위협: 똑바로 행동하지 않으면 친구들이 너랑 안 놀아 줄걸?

· 명령: 그만해!

· 무시: 괜찮은 거 다 알아. 그냥 무시해.

· 해결책 제안: …하는 게 어때?

이런 의사소통의 장애물은 은연중에 아이의 생각과 감정을 받아들이지 않는다는 의미를 전한다. 아이가 감정을 느끼는 일 자체가 잘못되었다는 메시지를 전하는 내용도 있다. 또한 문제를 해결할 책임을 아이에게서 앗아가는 내용을 담은 표현은 아이의 능력을 불신한다는 메시지를 전달하기도 한다.

라일리와의 상황을 조금 더 자세히 들여다보자. 의사소통의 장애물은 더 있다.

· 비난: 네가 더 양보하면 친구와 좋은 관계를 유지할 수 있을 거야.

· 인신공격: 어리광 부리지 마.

· 위협: 네가 똑바로 행동하지 않으면 친구들이 너랑 안 놀아 줄걸?

· 명령: 그렇게 이야기하지 말고 가서 친구를 사귀어 봐.

· 무시: 괜찮아. 과자 먹을래?

· 해결책 제안: 라일리에게 돌려 달라고 부탁해 보면 어떨까?

이 중 어느 반응도 공감이나 도움이 아니다. 오히려 아이에게 잘못이 있고 아이의 감정은 중요하지 않다거나 아이의 능력이 부족하다는 뜻을 전달한다.

● 변화는 쉽지 않다

방금 살펴본 예시를 다시 한번 곱씹어 보자. 예시 중에서의 의사소통 패턴을 보여 주는 내용이 있는가? 나는 이 과정을 배우는 동안 내 의사소통 패턴을 보여 주는 내용을 찾을 수 있었다. 나는 깨닫지도 못하는 사이에 아이에게 위협, 비난, 인신공격을 하고 있던 것이다.

도움이 되지 않는 의사소통 패턴을 반복하고 있음을 인식하면 좌절하거나 실망할 수 있다. 그러나 의식적으로 미숙하게 표현한 건 아니라는 사실을 기억하자. 여러분의 책임이 아니다! 우리의 의사소통 방식은 문화나 가족사와 연관이 깊다. 의식적으로 말하는 방식을 바꾸려고 노력하지 않으면 가족적·문화적 패턴을 그저 그대로 반복할 수밖에 없다.

의사소통의 장애물을 파악하고 나면 즉시 제거하고 싶을지 모른다. 하지만 어쩔 수 없이 그런 의사소통 패턴이 나오는 경우에는 이런 장애물이 있다는 사실을 **인지**할 수 있어야 한다. 의사소통의 장애물을 제거하는 데는 오랜 시간이 걸린다. 장애물을 인지하려고 노력하는 중이나 심지어 **인지하고 난 뒤에도** 그런 장애물이 계속해서 튀어나올 가능성이 크다. 나 역시 아직도 가끔 의사소통에 장애물이 되는 말들을 하고 만다. 하지만 그런 말을 할때 그 말들이 장애물이라는 걸 인지하는 것만으로도 엄청난 수확이다.

　이같이 변화를 만드는 노력을 하려면 자기 연민의 연습이 반드시 필요하다. 우리는 실수투성이인 인간이다. 인식이 커지더라도 여전히 실수를 할지도 모른다. 하지만 세련되지 못한 의사소통 패턴을 바꾸는 동안 아이와 우리의 관계는 앞으로 점점 더 나아질 것이다.

04

도움이 될 방법

모래밭의 예시로 돌아가 보자. 아이가 "라일리가 내 양동이를 훔쳐 갔어! 나랑 잘 놀고 있었는데 다른 데로 갔고 이제는 나한테 못되게 굴어. 나 집에 갈래!"라고 한다면 어떻게 반응해야 할까?

문제가 생겨서 부모를 찾을 때 아이는 부모가 자신의 말을 듣고, 이해하고, 수용하길 원한다는 사실을 기억해 보자. '신중하게 듣기'를 통해 우리가 듣고 있다는 사실을 보여 줄 수 있다. 내용과 내용의 이면에 자리 잡은 감정을 반복하는 방법이다.

"기분이 정말 나쁘겠다! 지금은 모래밭에서 노는 게 하나도 재미없겠구나."와 같은 대화를 아이에게 건네면 무슨 일이 일어나고 있는지 인식하고, 아이가 조금 더 이야기할 수 있도록 대화의 문을 열 수 있다. 이런 반응은 아이의 감정을 수용하는 공감 어린 반응이다. 공감 어린 반응은 '적극적 듣기' 또는 '감정 코칭'이라고 부르기도 하는데 아이가 자신의 감정을 조절하는 데 도움이 된다.

아이는 어떻게 느낄까? 라일리가 내 친구고 나를 차갑게 대하는 중이라고 가정해 보자. 마음이 상한 내가 배우자에게 라일리 이야기를 한다. 이때 배우자가 "괜찮아."라고 말하는 대신 "이런, 안됐네! 당신 정말 힘들겠어."라고 반응한다면 어떻게 느껴질까?

● 신중하게 듣기의 실천

어떤 문제가 생겨서 언짢아진 사람에게 신중하게 듣기를 실천하면 우리는 상대방이 어떻게 느끼는지 추측하고 그 감정에 이름을 붙일 수 있다. 뇌 하부가 주로 감정에 크게 영향을 준다는 사실을 기억하는가? 아이의 기분이 나쁠 때면 감정적 두뇌인 뇌 하부가 아이를 장악한다. 반면 부모가 그 감정에 중립적인 이름으로 꼬리표를 붙이면 아이가 논리, 자제력, 언어, 의사 결정을 주로 책임지는 뇌 상부를 다시 작동시키도록 도울 수 있다.

부모인 우리가 할 일은 진심으로 관심을 기울이는 일이다. 마음과 몸을 아이에게 집중해야 한다. 사실을 파악하는 것과 함께 아이의 감정을 듣는다. 반응을 보일 때가 되면 이해한 대로 아이에게 말한다. 이를 통해 부모가 듣고 있다는 사실을 전할 수 있다.

우리가 정확히 반응한다면 아이는 자신이 이해받았다고 느끼고, 자신의 문제를 깊게 고민해 본 다음 통찰을 얻을 것이다. 부모가 아이의 감정을 틀리게 추측하더라도 아이가 자신의 감정과 생각을 명확히 하는 데 도움이 된다. 부모의 추측이 틀렸다고 느끼면 아이가 바로잡을 기회가 생기고 (아이는 바로잡을 것이며) 그 과정에서 대화를 이어갈 수 있다.

실 천 과 제

신중하게 듣기

· 사려 깊은 자세로 주의를 기울인다.
· 사실과 드러나지 않는 감정을 듣는다.
· 이해한 대로 반응한다.
· 공감을 표시한다.

신중하게 듣기는 무릎이 까진 아이에게 "괜찮아. 울지 마." 대신 "아야! 진짜 아프겠다."라고 반응하는 것처럼 단순할 수 있다. 혹은 여러 단계를 거친 후 궁극적인 문제가 마침내 드러나는 '양파 껍질을 까는 상황'처럼 조금 더 복잡해질 수도 있다. 다음의 예시를 보자.

일곱 살 아이가 학교에서 돌아와서 이렇게 말한다. "내일 학교 가기 싫어요. 내일도 안 가고 앞으로 절대 안 갈 거야!"

부모: 학교에 안 가고 싶구나.

아들: 안 가요. 그리고 놀이터에서도 메이슨이랑 절대 안 놀 거야.

부모: 메이슨이랑 문제가 생겼나 보네.

아들: 걔가 닌자 거북이 캐릭터를 하나도 모른다고 나를 맨날 놀려요. 애들이 다 그 놀이를 하는데 나는 캐릭터를 몰라서 낄 수가 없어요. 나만 닌자 거북이를 못 보는 건 불공평해요.

부모: 그 프로그램을 보고 싶어?

아들: 네! 다른 애들은 전부 닌자 거북이를 본단 말이에요. 나는 모른다고 아무도 나랑 안 놀아 주고요.

부모: 따돌림당한다고 느끼는구나?

아들: 올리버가 같은 반이었을 때는 훨씬 괜찮았는데. 쉬는 시간에 항상 같이 놀고, 그림도 그렸어요. 올리버가 다른 학교에 가서 슬퍼요.

부모: 올리버가 그립지?

아들: 올리버가 있을 때가 훨씬 좋았어요. 루카스도 가끔 같이 놀아요. 루카스는 성격이 좋아요. 루카스랑 밖에서 같이 놀 때는 메이슨이 안 껴요. 메이슨이 같이 놀고 싶었는지 내일 물어봐야겠어요. 스타워즈 장난감을 가져가면 되겠다! 내일 학교에 가져가도 돼요?

부모: 물론이지.

이 대화 속 부모는 무시와 같은 의사소통의 장애물을 두는 대신 아이의 감정을 이해하는 모습을 보이면서 아이가 스스로 문제를 해결할 수 있도록 했다. 부모가 신중하게 듣기를 실천하면 아이는 부모가 진심으로 자신의 말을 듣고 받아들인다고 느끼며, 대화 사례에서처럼 내면의 이야기를 점점 더 많이 드러낸다. 이 아이는 부모에게 이야기하는 과정에서 자신의 문제를 스스로 해결했다. 만일 부모가 "아휴, 됐어. 내일 학교 갈 준비나 하고, 메이슨은 잊어 버려."라고 반응했다면 부모는 아이를 실제로 괴롭히고 있는 문제가 무엇이었는지 절대 알 수 없었을 것이다.

| 존의 이야기 |

딸 하퍼가 못되게 구는 여자아이 때문에 언짢은 마음으로 하교했다. 그 아이는 큰 소리로 딸에게 못된 아이라고 말했다고 한다. 나는 그 아이 앞에서 어떻게 반응했는지 물었고, 딸은 자신도 그 아이를 똑같이 찡그린

얼굴로 쳐다보았다고 대답했다. 다시 딸에게 그 행동이 도움이 되었는지 질문했고, 딸은 하나도 도움이 되지 않았다고 답했다.

부정적인 생각을 떨쳐 버리도록 나는 그 아이에게 조금이나마 장점이 있는지 물었다(나는 문제를 '해결'하려고 했다). "걔는 그림을 잘 그리니? 머리 모양이 예쁘니? 예쁜 신발을 신고 다니니?" 하면서 말이다. 덧붙여 딸에게 월요일에 등교를 하자마자 그 아이의 장점을 찾아보라는 조언을 했다.

화요일 오후, 딸을 학교에 데리러 갔을 때 아이의 눈빛이 어두웠다. 학교에서 어땠는지 묻자 아이가 참았던 눈물을 터트리고 말았다. 나는 신중하게 듣기를 기억해 냈고 "네가 상처받은 걸 보니 마음이 아파. 그치, 새 학교에서 다시 친구를 사귀는 일은 힘들지. 나도 이해해."라고 말했다.

나는 딸이 충분히 울 때까지 기다려 준 다음 그 아이가 얼마나 못됐는지 말해 달라고 물으면서도 딸아이에게서 문제를 발견하고 고치려 하지 않았다. 그저 아이의 곁에 있어 주었다.

일주일 뒤 학교생활이 어떤지 묻자 딸은 "좋아!"라고 답했다.

다른 사례를 보겠다. 다섯 살짜리 아이가 잠자리에 들기를 거부하고 있다고 가정해 보자. 아이는 불안해하고 있다. 그리고 "나는 오늘 절대 안 잘 거야!"라고 용감하게 선언한다. 부모는 '어떡하지?'라는 생각이 든다. 하지만 아이의 기분을 인정해야 한다는 사실을 기억해 내고 이렇게 대응한다.

부모: 정말 자고 싶지 않구나?

아이: 불을 끄면 너무 무서워요. 잠들기 힘들어요.

부모: 그렇지, 어두우면 무섭지.

아이: 맞아요. 방이 어두워지면 옷장에서 뱀이 나올 것 같아요!

부모: 어머나! 진짜 무섭겠네! 잠자기 싫어지는 게 당연하겠어. (아이를
　　　안아 준다.)

　아이의 이야기를 듣고 나면 부모는 상황을 이해한 다음 효과적
인 방법으로 아이를 도울 수 있다. 이 사례에서는 불을 끄고 아이
의 침대에 함께 누운 부모가 옷장에 걸린 옷의 모양을 보고 상황
을 파악할 수 있었다. "아, 이 옷들이 뱀처럼 보이네. 잠자리에 들
기 전에 옷장 문을 꼭 닫는 게 좋겠어." 이렇게 문제가 간단히 해
결되었다.

　신중하게 듣기라는 도구를 배우면 양극단 사이에 놓여 둘 중
어느 쪽을 택해야 할지 괴로워하지 않아도 된다. 어느 쪽을 택하
든 한쪽으로 치우쳐 버리기 마련이다. 반면 신중하게 듣기를 실
행하면 양극단 사이에서 잘 보이지 않던 중간에 놓인 길을 선택
할 수 있게 된다. 새롭고 올바른 방향의 선택지가 보이는 것이다.

　신중하게 듣기는 유아나 아직 말을 못 하는 어린아이에게도 적
용할 수 있다. 아기가 울고 있다고 가정해 보자. 이때 "울지 마.
쉿! 괜찮아."라고 반응하면 아기의 감정이 받아들여질 수 없다는

의미를 전하게 된다. 그렇게 반응하는 대신 "이런, 기분이 안 좋구나? 무슨 일인지 살펴보자."라는 말로 아기의 상황과 문제를 인정해 준다. 방금 우유를 먹었으므로 기저귀를 확인했더니 역시 기저귀가 원인이었다. "이 더러워진 기저귀 때문에 기분이 안 좋았구나?"라는 말은 아기에게 일어나고 있는 일과 기분을 이해해 주는 표현이다. "울지 마."라는 능숙하지 못한 표현과 달리, 아이의 상황을 받아들인다는 태도를 보여 주는 말이다. 달래는 목소리와 공감하는 얼굴은 아기의 상황을 인정하고 정서적 교감을 돕는다. 아기와 이렇게 의사소통을 하면서 부모는 아기와의 대화를 능숙하게 이끌어 갈 연습을 하는 것이다.

● 신중하게 듣기의 문제

아이가 느끼고 경험하는 바를 그대로 이해하는 새로운 도구를 이용하면서 부모는 일종의 실수를 하게 될 것이다. 가장 일반적인 실수는 아이의 말을 들을 최적의 상황이 아닌데도 공감하는 태도로 들으려고 할 때 일어난다. 부모는 아이로 인해 초조하고 짜증이 날 수 있고, 피곤하거나 어찌할 바를 모를 수도 있다.

아이의 말을 제대로 들을 수 없는 상황이라고 느껴지면 "지금은 네 이야기를 듣기가 힘들어. 조금 이따가 이야기해도 괜찮겠니?"라며 솔직하게 말하는 편이 낫다.

이외에도 신중하게 듣기를 하는 과정에서 다음과 같은 실수를 할 수 있다.

· **메아리처럼 아이가 하는 말을 똑같이 반복하기.** 이런 태도는 아이를 자극하고 오히려 더 큰 갈등을 유발할 수 있다. 제대로 들었다는 걸 보이려면 아이가 한 말을 해석하는 게 낫다.

· **감정의 과장 혹은 축소.** 아이가 정말 화가 났거나 좌절하고 있을 때 "게임이 취소되어 살짝 실망했구나."라고 말하면 아이는 부모가 자신의 말을 제대로 듣지 않는다고 생각할 수 있다. 아이에게는 자신의 화를 '실망'으로 대수롭지 않게 취급하는 것처럼 들릴 수 있기 때문이다.

· **피드백을 할 때마다 같은 표현으로 시작하기.** 나는 신중하게 듣기를 처음 배울 때 "네가 하고 싶은 말은…"이라는 표현을 계속 반복했고, 딸은 그 표현에 대해 여러 번 지적을 했다. 매번 같은 말로 대답을 하면 성의가 없게 들린다.

· **아이가 하는 '모든 말'을 신중하게 듣기.** 조용한 듣기를 기억하는가? 침묵이나 단순한 인정이 더 적합한 상황도 많다. '아이에

게 문제가 있을 때'는 신중하게 듣기가 큰 도움이 될 수 있다.

신중하게 듣기는 꾸준히 관심을 기울이고 연습해야 하는 기술이다. 처음에는 새로운 의사소통 방법을 이용하면서도 능숙하지 못하다는 점에 신경이 쓰일지 모른다. 하지만 걱정하지 말자. 연습하면 나아진다! 집이나 직장에서 실제로 적용하며 연습할 수 있다. 운동장에서 다른 부모의 말을 우연히 들으면서 머릿속으로 신중하게 듣기 반응을 연습할 수도 있다. 연습할수록 더 자연스러워지고 더 노련해질 것이다.

신중하게 듣기는 '아이에게 문제가 있을 때' 이용할 수 있는 훌륭한 도구다. 다음 CHAPTER에서는 '부모에게 문제가 있을 때' 어떻게 하면 되는지 살펴보겠다.

05

듣기는 관계를 강화한다

아이에게 능숙하게 반응하는 일은 마음챙김의 자세가 충만할 때 시작된다. 다시 말해 지금 무슨 일이 일어나고 있는지, 나 자신과 다른 사람의 기분 또는 생각이 어떤지, 지금 누구에게 문제가 있는지를 알아차릴 때 아이에게 유연하게 반응할 수 있다. 부모의 마음이 불안하거나 지나친 스트레스에 시달리거나 자동 조종 모드에 사로잡혀 있으면 대답이 과녁을 빗나갈 가능성이 크다.

문제를 효과적으로 해결하기 위한 첫 단계는 현재의 순간에 존재하는 것이다. 즉, 갑자기 튀어나올지도 모르는 비판적인 사고에서 벗어나 진심으로 아이의 말을 경청하고, 아이를 봐야 한다.

부모가 명백히 현실에 충실한 모습으로 존재하고 있으면 누구에게 문제가 있는지 파악할 수 있고, 상대방을 어떻게 도울 수 있는지 알 수 있다.

따라서 필수적으로 마음챙김 수련을 계속하자. 더불어 부모 자신과 가족, 다른 사람들을 가로막고 있는 의사소통의 장벽을 관찰한다. 사람들이 장애물에 어떻게 반응하는지 주목해 보자. 그리고 신중하게 듣기 기술을 연습하자. 처음엔 어색하더라도 괜찮다. 어린 시절에 이런 방식의 의사소통을 경험하지 못했다면 새로운 언어를 배우는 과정이라고 여겨도 좋다. 마음의 여유를 가져 보자.

다음 CHAPTER에서는 부모에게 문제가 있을 때 어떻게 대처해야 할지 논의할 것이다. 바로 다음 CHAPTER로 넘어가도 좋지만 충분히 시간을 두고 이번 CHAPTER에서 배운 내용을 연습하길 바란다. 이 기술들은 서로가 서로를 돕는 역할을 하므로, 다음 단계로 넘어가기 전 신중하게 듣기 연습 시간을 갖는 것이 현명한 선택이 될 것이다.

이번 주의 실천 과제 ∷∷∷∷∷∷∷∷∷∷∷∷∷∷∷∷∷∷∷∷∷∷∷∷∷

✓ 일주일에 4일에서 6일, 하루 5분에서 10분간 정좌 명상 혹은 바디 스캔 명상
   하기

✓ 일주일에 4일에서 6일, 사랑과 친절 연습하기

✓ 의사소통의 장애물을 사용하는지 관찰하기

✓ 신중하게 듣기 연습하기

"아이를 상대할 때 이미 충분히 가능성을
갖춘 사람인 것처럼 대하라."
— 하임 기너트Haim Ginott

올바른 내용 말하기

아이를 갖기 전 나는 똑똑하고 자신만만하며 성공한 여성이었다. 하지만 어린아이를 키우면서 나는 완전히 무릎을 꿇고 말았다. 다행히 반응성을 줄이는 데 집중하면서 전보다는 조금 더 침착할 수 있었고 이는 육아에 큰 도움이 되었다. 하지만 나는 여전히 노련하지 못한 말을 딸에게 쏟아 냈고 아이는 거의 항상 저항했다.

어느 평범한 날, 딸은 불평을 늘어 놓으며 신발을 신지 않겠다고 했다. 내 속에서 좌절감이 꿈틀대기 시작하는 것을 느낄 수 있었다. 나는 예전에 더 힘든 일도 해내던 사람이었다. 이 일을 해결하고 나면 평정심을 되찾을 수 있어! 나는 깊은숨을 들이쉬고 천천히 내뱉은 다음에야 딱딱해졌던 어깨의 긴장이 조금씩 풀리는 것을 느낄 수 있었다. 그러고는 좋은 엄마에게 꼭 어울릴 듯한 목소리로 "매기, 신발을 신으렴. 나가자."라고 말했다. 효과는 없었다.

"싫어! 안 나가!"

"신발 신어. 지금 밖에 나갈 거야."

"싫어! 절대로 안 나가!"

눈물… 그리고 비명…. 사태는 점점 나빠지고 있었다. 나는 무너졌고 소리를 지르기 시작했다. 부끄럽게도 힘을 써서 억지로 딸에게 신발을 신겼지만 결국 우리는 둘 다 울음이 터진 채 비참해지고 말았다. 엄마로서 완전히 실패자가 되고 만 그 사건의 시발점은 내가 한 말에 있었다. 내가 사용한 표현이 딸의 저항심을 (또다시) 부추겼던 것이다. 나는 명령했고 아이는 명령이 싫었다.

부모에게
문제가 있을 때

CHAPTER 5에서 우리는 아이가 스스로 문제를 해결하도록 도우려면 어떻게 아이의 말을 들어 주어야 하는지 살펴보았다. 듣기는 다른 사람을 돕고, 관계의 연결 고리를 형성하는 데 가장 우선되는 요소다. 사려 깊은 자세로 듣기는 우리의 '관계 은행 계좌'에 예금을 유치해 기초를 더 튼튼히 세우게 한다. 사려 깊게 듣는 행동만으로도 아이를 더 협조적으로 이끌 수 있다.

그러나 부모에게 문제가 있다면 어떨까? 이번 CHAPTER에서는 부모의 니즈를 충족하면서도 아이와 친밀한 관계를 유지하며, 장기적으로 좋은 관계를 형성하는 방법을 익히게 될 것이다.

● 부모의 니즈에 대한 인식 높이기

사람에게는 모두 니즈가 있다. 사람들의 니즈는 잠, 혼자 있는 시간, 고요한 환경, 친구와 보내는 시간, 건강한 음식, 운동 등 다양하다. 하지만 부모는 이런 니즈를 충족하지 못하는 상황에 놓일 때가 많다. 아이를 위해, 특히 아직 유아기의 아이를 키울 때는 더더욱 부모의 니즈는 미뤄져도 괜찮다는 사회적 믿음이 있기 때문이다. 아이를 위해서라면 운동이나 명상, 친구를 만나는 시간 등 자신의 니즈를 미루는 일이 당연하다고 믿는 부모도 많다. 만약 여러분이 이에 해당된다면 주목하길 바란다.

부모의 니즈도 아이의 니즈와 마찬가지로 중요하다.

다행히도 서로 부딪치는 니즈 때문에 빚어지는 문제 상황을 해결하는 답은 있다. 부모에게는 니즈가 없다거나 부모의 니즈는 중요하지 않다거나 부모의 니즈는 18년 혹은 그 이상 미룰 수 있다는 '척'을 하지 않는 것이 해결책이다. 억울함에 물들지 않은 건강하고 지속 가능한 관계를 유지하려면 부모는 먼저 자신의 니즈를 인지해야 한다.

부모의 니즈는 무엇일까? 부모는 자신의 니즈를 부정하는 일에 익숙한 나머지 기본적인 니즈 이외의 것들에 대해 잊고 사는 경우가 많다. 잠시 시간을 내어 아래의 실천 과제를 살펴보고, 어떤 니즈에 더 관심을 기울여야 할지 생각해 보자.

우리의 니즈는 무엇일까?

아래 제시된 인간의 기본적인 니즈 목록을 살펴보자. 이 목록은 완벽하지 않으며 자기 인식을 기르고 삶에서 어떤 부분에 더 관심을 기울여야 할지 파악하는 데 도움을 주는 시작점일 뿐이다. 부모가 자신을 돌보는 삶을 살아야 아이 역시 부모를 본보기로 삼아 배운다. 다이어리에 아래의 목록 중 어떤 니즈에 더 관심을 기울여야 할지 기록한다.

애정	조화	휴식/수면
공기	유머	안전
감사	포용	자기 표현
아름다움	독립	성적 표현
선택	친밀감	안식처
의사소통	기쁨	공간
공동체	배움	안정
동료 의식	사랑	자극

편안함	애도	지지
공감	움직임/운동	촉감
평등	질서	신뢰
음식	목적	온기
자유	존경/자아 존중	물
성장		

이제 지금까지 도외시되었던 니즈를 더 잘 충족시킬 방법을 생각해 보자. 커피를 마실 여유로운 시간을 계획한다거나 아이돌봄 서비스를 예약하는 일과 같이 이번 주에 당장 할 수 있는 행동은 무엇일까? 다이어리에 생각을 기록하고 행동으로 옮기자!

● 건강한 경계의 모범 보이기

아이가 부모의 행동을 얼마나 잘 따라 하는지 기억하는가? 부모가 자신의 니즈를 모범적으로 충족시키면 아이도 부모의 모습을 보고 자신의 삶에 그런 태도를 적용할 방법을 배운다. 당신이 늘 다른 사람의 기쁨을 자신의 기쁨보다 우선시하는 사람이면 당신의 부모 역시 자신의 니즈를 가장 마지막에 둔 사람이었을 가능성이 크다. 이제 스스로와 아이를 위해 세대에 걸쳐 전해 내려온 건강하지 못한 이 패턴을 끝내야 할 때가 왔다. 아이를 좋은 사람으로 기르기 위해서는 아이의 행동이 나의 니즈를 침해하고 있는 상황을 아이에게 더 능숙한 방법으로 알릴 필요가 있다.

아이에게는 건강한 경계가 필요하다. 연구 결과에 따르면 관대한 부모 밑에서 자라 건강한 경계와 적절한 행동적 기대를 유지하지 못하는 아이들은 더 자기중심적이고 자기 통제력과 충동 조절 능력이 부족하며 약물을 사용할 확률이 더 높았다.[10] 자유롭게 방임하기보다 스스로와 아이의 정신적, 감정적 건강을 위해 경계를 제대로 설정해야 한다.

아이들은 당연히 성숙하지 못한 존재다. 그러므로 부모를 성가시게 하고 방해하며 초조하게 만드는 게 사실이다. 아이들은 경솔하고 정신없으며 파괴적이지만 악의적인 의도에 의해 행동하는 것이 아니라, 단순히 자신의 니즈를 충족시키려 한 결과 그런 행동이 나타나는 것뿐이다. 아이의 행동이 부모의 니즈를 방해할 때 부모는 반드시 아이의 분노와 저항을 유발하지 않을 의사소통법을 찾아야 한다. 그래야 부모와 아이의 연결 고리를 유지하고 장기적인 관점에서 아이와의 유대를 (또한 우리의 영향력을) 더 튼튼히 할 수 있다.

---

10) 《신중한 원칙Mindful Discipline》, 쇼나 샤피로Shauna Shapiro, 크리스 화이트Chris White, 2014

의사소통의 장애물

CHAPTER 5에서 했던 것처럼 말하지 말아야 할 표현을 살펴보자. 의사소통의 장애물이 여기에도 적용된다.

- 명령
- 위협
- 조언/해결책 제시
- 비난
- 인신공격/비판
- 무시

위와 같은 대화 방법을 사용하면 의사소통의 흐름이 끊어지고 아이는 부모를 향해 원망을 느낀다.

이런 행동이 왜 원만한 관계의 걸림돌이 되는지 이해하는 가장 좋은 방법이 있다. 바로 직접 경험하는 것이다. 다음의 연습을 통해 의사소통에 장애물을 만드는 방식으로 말하는 부모를 둔 아이가 어떻게 느낄지 상상해 보자.

의사소통의 장애물 느껴 보기

여러분이 여섯 살 아이라고 상상해 보자. 과자를 먹다가 바닥을 어지럽히고 말았다. 하지만 여러분은 책과 퍼즐, 과제 등으로 바빠서 엉망이 된 바닥에 대해선 잊은 지 오래다. 이 모습을 본 부모님의 반응을 아래의 대화 예시에서 상상해 보고 아이의 관점에서 어떻게 반응할지 기록한다. 부모님의 표현이 어떻게 느껴지는가? 진심으로 아이의 입장이 되어서 상상해 보자.

"빨리 치워. 이렇게 어지르는 건 싫다." (명령)

"지금 당장 정리하지 않으면 오늘 게임 시간은 없어." (위협)

"이렇게 바닥을 어지르면 안 된다는 것쯤은 알잖아?" (비난)

"너는 가끔 완전히 게으름뱅이가 되는구나! 정리하면서 과자를 먹어야지!" (인신공격/비판)

"내가 너였으면 진작 정리했을 텐데." (조언/해결책 제시)

여러분이라면 어떻게 반응할지 다이어리에 기록한다. 배우자도 예시를 읽고 함께 기록한다면 더욱 도움이 된다. 기록을 토대로 대화를 시작해 보자.

실천 과제에 제시된 표현이 어떻게 느껴지는가? 부모님에게 협조적인 태도를 보이고 싶은가? 아니면 원망이나 분노의 감정이 느껴지는가? 결과를 보고 깜짝 놀랄지도 모른다. 부모의 언어가 아이에게 원망이나 반항심을 불러일으키는 원인이었다는 사실을 깨달았다면 이제부터는 자기 연민을 실천할 차례다(CHAPTER 3 참조). 이런 표현들은 의식적으로 선택한 것이 아니라 우리의 부모로부터 물려받은 서툰 언어일 가능성이 크다는 점을 기억하자. 원인이 무엇인지 알았으니 이제 우리는 이 패턴을 변화시킬 수 있다. 세련된 언어를 사용하는 연습을 시작하면 시간이 지날수록 의사소통이 더 쉽고 자연스러워질 것이다.

명령. 첫 번째 장애물인 명령을 조금 더 구체적으로 살펴보자. "빨리 치워. 이렇게 어지르는 건 싫다."라는 말을 예시로 들겠다. 아이의 관점에서 이런 명령이 원성을 유발한다는 점을 파악하기는 어렵지 않다. 아이들은 매일 셀 수 없을 만큼 많은 명령을 어른들에게 듣지만 한편으로는 지시 받기를 거부한다. 부모가 채찍을 휘둘러도 아이는 '자신의 체면'을 차리고 싶기 때문에 명령과 지시를 거부하는 것인지도 모른다.

위협. 두 번째 장애물은 위협이다. "지금 당장 정리하지 않으면 오늘 게임 시간은 없어." 식의 위협은 아이에게 명령과 마찬가지로 저항을 유발한다. 아이는 위압감을 느끼는 동시에 조종 당한다고 느낀다. 이 경우, 아이는 궁지에 몰려 저항하거나 굴복하게 되지만 양쪽 모두 분개심을 일으킨다. 위협은 당장은 '효과적'일

지 모르지만 나중에는 자발적으로 협조하지 않게 만들 가능성이
더 크다.

비난. "이렇게 바닥을 어지르면 안 된다는 것쯤은 알지 않니?",
"너는 가끔 완전히 게으름뱅이가 되는구나! 정리하면서 과자를
먹어야지!" 식의 비난과 인신공격은 상대방을 깎아내리는 표현이
다. 이런 반응은 아이의 실수를 강조하고, 은연중 아이의 성격에
문제가 있다는 의사를 전하게 된다. 아이는 죄책감에 시달릴 수
있고 사랑받지 못한다거나 거부당한다고 느끼게 될 수도 있다.
아이는 자신을 대하는 부모의 태도가 부당하다고 생각해, 부모의
의견에 노골적으로 저항하기도 한다. 이때의 협조(아이의 관점에
서는 굴복)는 부모의 표현이 사실이라는 점을 인정하는 행동이기
때문이다.

인신공격. 깎아내리는 말은 아이에게, 그리고 부모와 아이의 관
계에 파괴적 영향력을 끼친다. 친밀하고 끈끈한 유대관계는 아이
가 부모에게 협조하도록 만드는 열쇠다. 비난과 인신공격은 관계
에 해를 끼치므로 절대 피해야 한다.

조언과 해결책 제안. 해결책을 자주 제시하는가? "내가 너였다
면 진작 정리했을 텐데." 식의 표현은 다른 장애물처럼 가혹하게

느껴지지 않을지도 모르지만 부모가 원하는 효과를 발휘하지 못하는 경우가 많다. 오히려 분노를 유발하기도 한다. 누군가를 위해서 좋은 일을 하려는 찰나에 내가 하려고 했던 일을 상대방이 정확히 그대로 지시하는 상황을 경험해 본 적이 있는가? 여러분은 아마도 '그렇게 말 안 해도, 안 그래도 그렇게 할 거였는데…'라고 생각했을 것이다. 어쩌면 상대방이 내가 알아서 잘하리라고 믿지 않았다는 사실에 짜증이 났을 수도 있다. 조언에는 명령과 비슷한 문제점이 있다. 아이들은 무엇을 하라는 말을 듣고 싶어 하지 않는다. 또한 부모는 아이가 문제를 스스로 해결하리라고 신뢰하지 않는다는 메시지를 전하게 된다.

위와 같이 매우 일반적인 반응도 아이에게 반항심을 일으킬 수 있다는 점을 이해했는가? 이미 아이에게 저항의 패턴이 생겼을지도 모를 일이다. 아이의 관점에서 상황을 들여다보면 이런 장애물들이 얼마나 불쾌한지 이해할 수 있다. 하지만 아이에게 이런 식으로 말하는 행동은 사회적으로 용인될 만한 수준이다. 이런 장애물의 가장 큰 문제는 효과적이지 못하다는 데서 드러난다. 이런 표현은 오히려 역효과를 낳는데, 아이가 부모의 요구에 저항하고 원망하도록 유도해 협력하고 싶지 않게 하기 때문이다.

● '너 메시지'의 문제

이 서투른 표현들을 잘 들여다보면 한 가지 공통점이 있다. 바로 상대방, 즉 '너'에 관한 표현이라는 점이다. 아이들은 '너'라는 메시지를 비판적인 평가로 받아들이고, 이는 반항심을 부추긴다.

이런 식으로 생각해 보면 이해하기가 조금 더 쉽다. 내가 원하는 니즈가 충족되지 않을 때 예를 들어, 내가 피곤하거나 짜증이 나고 아이의 물건이 사방에 널려 있어서 편안함을 느낄 수 없다면 이 상황은 나의 문제다.

그러나 우리는 이 문제를 '너 메시지'로 표현해서 아이를 공격한다.

● 더 좋은 대화법

좋은 소식이 있다. 표현과 말하는 습관은 배우는 것이므로, 이를 버릴 수도 있다는 점이다. 우리가 습관적으로 사용하는 의사소통 방법과 패턴이 효과적이지 못 하다는 사실을 깨닫는 순간은 기존의 패턴을 끊고 새롭고 더 효과적인 대화 습관을 만드는 데 꼭 필요한 단계다. 그러므로 능숙하지 못한 상태에서 내뱉은 표현의 책임을 자신에게 돌리거나 스스로를 부끄럽게 여기지 말자.

대신 새로운 깨우침을 아이와 새롭고 사려 깊은 의사소통 패턴을 형성하는 시작점으로 여기고 자축하자.

● 의도는 변할 수 있다

집을 지을 때 기초 없이 벽을 세울 수 없다. 마찬가지로 우리의 생각은 의사소통의 기초가 되어 준다. **언어를 변화시키려면 생각을 먼저 바꿔야 한다.**

현실적으로 생각해 보자. 우리는 아이와 상호작용을 할 때 우리 뜻대로 아이를 다루려고 한다. 아이가 무언가를 하도록 만들려는 것이다. 그러므로 아이를 바꾸려는 대신 우리 스스로의 충족되지 못한 요구를 지금에라도 표현하는 방향으로 사고방식에 변화를 주어야 한다. 바로 이 과정에서 마음챙김 수련이 더해진다면 사고의 수면 아래에서 무슨 일이 일어나고 있는지 더 잘 이해할 수 있다. 어떤 상황을 마주해도 기저에 자리잡은 충족되지 못한 니즈에 호기심을 가질 수 있다. 이처럼 심오한 단계에 도달하게 되면 스스로와 아이를 향해 동정심이 생긴다. 우리 자신과 다른 사람을 위해 호기심과 관심을 갖춘 채 자신을 표현할 수 있다.

하지만 대개 사람들은 서로 매우 다른 의도를 지니고 있다. 무의식적으로는 아마도 '나는 너를 신뢰하지 않는다. 나는 너를 내가 원하는 대로 따르도록 만들어야 한다.'라고 생각할 것이다. 그렇다면 관점을 '나는 확실히 내 니즈가 충족되어야 한다.'로 바꿔서 아이와 부모의 상호작용이 어떻게 변할 수 있는지 생각해 보자. 인간의 모든 상호작용에는 자신의 니즈를 충족하려는 의도가 자리잡고 있다. 부모가 자신의 내면과 아이에게 이 관점을 적용하기 시작하면 비난과 비판은 자연스럽게 사라질 것이다.

의도는 중요하다. 우리가 새로운 표현을 사용하면서도 그 이면에 아이를 마음대로 통제하려는 의도를 숨겨 두고 있다면 아무런 효과를 발휘하지 못할 것이기 때문이다. 아이는 우리를 꿰뚫어 보고 우리의 메시지에 자신을 통제하려는 얄팍한 의도가 숨겨져 있다고 생각할 것이다. 우리가 단지 '기술'만을 적용하려 하고 '호기심과 관심이 담긴 생각'으로 전환하지 않는다면 아이는 그 차이를 느낀다.

우리는 위협과 명령이 어떻게 아이의 협력 욕구를 감소시키는지 이미 확인했다. 아이가 부모에게 협력하길 원하도록 만드는 요소는 무엇일까? 정답은 부모와 아이의 강한 유대관계, 그리고 아이의 행동이 부모의 니즈에 어떤 영향을 주는지 부모의 감정을 솔직하게 공유하는 데 있다.

● 능숙한 대응법
: '나'를 중심으로 한 메시지

아이를 비난하거나 수치심을 느끼게 만드는 행동을 멀리하고, 아이의 행동이 우리에게 어떻게 영향을 주는지 들여다보면 우리의 언어는 자연스럽게 '나의 관점'으로 바뀐다. '나'를 중심으로 한 메시지는 세련된 의사소통을 하기 위해 이미 많은 사람이 시도했던 제대로 된 의사소통 방법으로, 우리의 말은 대개 '너'보다는 '나'로 시작한다.

'나 메시지'는 아이를 궁지로 몰지 않고도 부모의 니즈를 충족할 수 있도록 도움을 주는 까닭에 매우 바람직한 의사소통 방법이다. 게다가 '나 메시지'는 부모의 감정이 아이 때문이라는 암시를 하는 대신 부모가 스스로 감정의 주체가 될 수 있도록 만든다. 부모는 '나 메시지'를 통해 아이를 공격하지 않으면서도 존중이 담긴 방법으로 자신의 니즈나 기대, 문제, 감정, 염려 등을 아이에게 표현할 수 있다. 또한 '나 메시지'를 통해 칭찬과 감사를 조금 더 세련되게 표현할 수도 있다.

아래의 대화 예시를 보면 알겠지만 누군가를 대하면서 그다지 효과적이지 않았던 표현은 전부 '너'를 주체로 한 표현이다.

"**네가** 어질렀어."

"**네가** 그만하지 않으면⋯."

"**너는** 그러지 말았어야지."

"**너** 아기처럼 행동하는구나."

"**너는** 그렇게 행동하지 말았어야 해."

하지만 아이가 용납할 수 없는 행동을 했을 때 부모가 어떻게 느끼는지 설명하면 자연스럽게 '나'를 중심으로 한 메시지로 전환된다.

"이 난장판을 보니 **나는** 기분이 안 좋구나."

"**나는** 지금 피곤해서 입씨름하고 싶지 않아."

"서둘러야 해서 **나는** 스트레스가 느껴져."

아이는 부모의 '나 메시지'를 부모가 어떻게 느끼는지에 대한 설명으로 받아들인다. 이렇게 감정이 아닌 감정에 대한 설명은 부모를 향한 저항심을 덜 불러일으킨다.

불편한 행동에 대응하려면 '나 메시지'를 어떻게 활용해야 할까? 자신을 파악하기 위해 마음챙김의 기초를 이용하는 방법으로 시작하자. 상황에 대해 어떻게 느끼는가? 어떤 생각과 니즈가 있는가? 어떤 신체적 감각을 느끼고 있는가?

아이의 행동이 나에게 어떤 영향을 주는지 인지하고 나면 그 내용을 아이와 솔직하게 공유해 보자. 부모가 솔직하고 따뜻한 태도로 자신에게 일어나고 있는 일을 표현하면 아이와의 갈등이 줄어들 것이다. 부모의 말은 저항보다는 공감을 불러일으켜 아이는 강요에 따르는 것이 아니라 자의적으로 부모에게 협력하게 된다.

거실 바닥을 과자로 어지럽혔던 아이의 사례로 돌아가 보겠다. 아이의 입장이 되었다고 다시 상상해 보는 것이다. 이번에는 아이의 눈높이에 맞춰 몸을 낮추고 눈을 쳐다보면서 "과자가 거실 바닥에 흩어져 있어서 내 기분이 안 좋아. 거실을 치우지 않으면 거실을 지나다니기 힘드니까."라고 말한다. 아이의 입장에서는 어떻게 느껴질까? 어떻게 반응하겠는가?

토마스 고든Thomas Gordon은 《부모 역할 훈련》(양철북, 2021(원제: 《Parent Effectiveness Training》, 1970))에서 처음으로 '나 메시지'라는 용어를 만들었다. 그는 분명한 '나 메시지'는 행동에 대한 비난 없는 묘사, 화자에게 미치는 영향, 화자의 감정이라는 세 가지로 구성된다고 설명한다.

행동을 묘사한다. 판단이 들어가지 않은 단순한 문장을 이용한다. 예를 들면 "네 머리 정말 엉망이구나."라고 감정적 판단을 곁들이는 대신 "네가 머리를 정돈하지 않으면…."이라고 아이에게 원하는 행동만 간결히 말한다.

구체적이고 유형적인 결과를 묘사한다. 부모에게 어떤 결과를 가져오는가? 반드시 형제나 다른 사람이 아니라 부모에 관한 내용이어야 한다. 부모의 니즈가 충족되지 못하고 있는가? 그러면 다음과 같은 유형적 효과가 발생한다.

- 부모의 시간, 에너지, 돈이 든다(쿠션을 교체하거나 구멍 난 곳을 메우거나 불필요한 집안일을 할 수밖에 없는 상황).
- 부모가 원하는 일이나 해야 할 일을 못한다(제시간에 도착하거나 인터넷을 사용하거나 거실에서 편히 생활할 수 없는 상황).
- 부모의 몸이나 감각이 힘들어진다(소음, 고통, 긴장 등).

감정을 공유한다. 아이의 행동에 대한 부모의 솔직하고 정확한 반응은 무엇인가? 실망이나 분노, 상처, 슬픔, 당황, 공포 중 어떤 감정을 느끼는가?

'나 메시지'는 모든 것을 알고 있는 부모의 역할에서 한 걸음 물러나 현실적으로 생각하도록 만든다. 다른 사람에게 단순히 반응하는 대신 사려 깊게 내면을 들여다보게 한다. 또한 감정적으로 반응하는 대신 잠시 멈추고 어떻게 반응해야 할지 생각하게 도와준다.

'나 메시지'는 실제로 어떻게 표현될까?

"내가 지금 장난감 치우라고 했지."는 "네 장난감이 거실 바닥에 온통 흩어져 있어서 내가 장난감을 밟는 게 신경 쓰이고 발바닥이 아파."로 바뀐다.

"나를 차지 마. 그건 정말 나쁜 행동이야."는 "아야! 정강이가 너무 아파!"로 표현된다.

"소리 좀 그만 질러!"는 "네가 소리를 지르면 아무것도 제대로 들리지 않아. 기분이 더 언짢고 답답해질 뿐이야."로 바뀐다.

"너는 정말 게으르구나! 아무도 치우는 사람이 없네."는 "이런 엉망진창을 보니 실망스럽구나."로 바뀐다.

실 천 과 제

평가 없는 묘사 연습하기

비판하지 않는 말을 하는 건 생각보다 쉽지 않다. 우리는 머릿속으로 끊임없이 우리를 둘러싼 세상을 평가하므로 비판은 쉽게, 자주 튀어나온다. 하지만 괜찮다. 연습하면 강해진다는 사실을 기억하며 비판적이지 않은 표현을 연습하자.

특정 행동에 대해 자주 튀어나오는 비난의 표현을 예로 들겠다. 다음의 표현들을 다이어리에 비난하지 않는 표현으로 바꿔서 기록해 보자.

1 저녁 식사 후 정리를 도와주려 하지 않는 아이에게: "너는 정말 이기적이구나!"

2 거실 바닥에 온통 옷을 벗어서 던져 놓은 아이에게: "게으름뱅이처럼 행동하지 마!"

3 동생을 놀리는 아이에게: "정말 못됐네."

4 장난감을 치우지 않고 자리를 뜨는 아이에게: "너는 항상 어지르기만 하는구나."

부모의 언어가 비난과 비판과 같은 평가에서 멀어지면 자연스럽게 아이와 더 친밀한 관계를 유지하게 된다. 이 과정이 쉽게 이루어지지 않더라도 걱정하지 말자. 터져 나오는 감정 섞인 평가를 잠깐 멈추고, 어떤 말을 해야 할지 고민하는 연습만으로도 대화가 나아질 것이다.

'나 메시지'는 아이에게 반항심을 불러일으키지 않는 가장 세련된 의사소통법이다. 하지만 실천하기 쉬운 일은 아니다. 요령과 연습이 필요하다. 아이에게 맞춰 몸을 낮추고 눈을 쳐다보며 '나 메시지' 전하기를 반복하자.

반항은 당연하다

'나 메시지'로 즉시 아이의 행동이 바뀌기도 하지만 항상 그렇지는 않다. 우리가 습관적으로 의사소통의 장애물에 의지했다면 아이 역시 부모의 '나 메시지'를 처음에는 쉽게 받아들이지 못할 수도 있다. 아이도 습관적으로 반항을 하기 때문이다.

아이의 저항을 시속 150킬로미터로 빠르게 주행하는 열차라고 생각해 보자. 부모는 그 열차의 방향을 바꾸길 원하지만 이미 가속도가 더해진 상황이므로 열차를 멈추고 방향을 바꿔서 반대 방향으로 달리도록 만들려면 엄청난 시간과 지속적인 노력이 필요하다. 하지만 그러한 노력은 충분히 가치 있고 분명한 결실을 거둘 것이다. 장기적인 관점에서 육아가 점점 더 쉬워질 것이기 때문이다.

아이의 행동이 강한 니즈에서 비롯되었다면 때때로 '나 메시지' 가 효과를 발휘하지 못할 수 있다. 아이는 그 니즈를 충족할 다른 방법을 떠올리지 못해서 그렇게 반응하는 것일 수 있다. 지금부터는 더 까다로운 갈등을 다루는 방법을 알아보자.

● 문제를 해결하는 '나 메시지'

새로운 대화법을 배우는 과정에서 부모는 실수를 경험할 수밖에 없다. '나 메시지'가 가진 공통적인 문제 중 몇 가지를 구체적으로 살펴보겠다.

'나 메시지'를 가장한 '너 메시지'. "나는 네가 이기적인 것 같아.", "나는 네가 내 말을 듣고 있지 않은 것 같아."처럼 "나는 …인

것 같아."라고 말하는 대화법은 부모의 감정을 담백하게 묘사한 표현이 아닐 수 있다. "나는 …같아."라는 표현은 '나 메시지'가 아니다.

모순되거나 가식적인 느낌. 아이는 우리가 감정을 축소하거나 과장하면 알아차리고는 그런 부모의 모습이 정직하지 않다고 여긴다.

예를 들어, 어린아이가 잡초 제거기를 들고 장난치는 모습을 보고 "네가 다칠까 봐 마음이 약간 불편하단다."라고 감정을 축소해서 말할 수 있다. 혹은 "할머니 댁에서 네가 의자에서 꼼지락거릴 때 정말 간담이 서늘했어."라고 감정을 과장해서 말하기도 한다. 이렇게 부모가 감정을 축소하거나 과장, 즉 '나 메시지'를 오버슈팅하거나 언더슈팅할 때 아이는 그 속을 훤히 꿰뚫어 본다.

결과 배제하기. 아이의 행동에 대한 부모의 생각을 이야기하는 것만으로 충분할 때도 있지만 아이의 행동이 부모에게 **어떤 영향을 주는지** 설명하는 과정이 생략되어 문제를 일으킬 수도 있다. 내가 딸에게 "저녁 식사를 할 때 네가 식탁을 흔들어서 마음이 불편했어."라고 말하면 딸은 내 말을 거의 신경 쓰지 않는다. 하지만 내가 "그래서 나는 마음 편히 식사를 할 수 없었어."라고 덧붙이면 딸의 반응이 달라진다.

아이의 행동이 부모에게 주는 영향 혹은 결과를 전하는 건 '나메시지'에서 가장 어려운 부분이다. 단순한 스트레스를 아이에게 어떻게 표현해야 할까? 나는 근육의 긴장과 같은 신체적 불편함은 정당한 영향이고 결과라는 사실을 깨달았다. 예를 들어, "네가 집에서 시끄럽게 호루라기를 불면 화가 나고 스트레스를 받아서 어깨 근육이 긴장돼서 쉴 수가 없어!"라는 식으로 바꿔 표현해 보자. 아이의 반응이 달라질 것이다.

다른 사람에게 어떤 영향을 주는지 설명하기. 행동의 결과가 미치는 대상이 말하는 당사자인 부모면 더 효과적이다. 안타깝게도 대부분 형제자매의 갈등을 다룰 때 주로 이런 실수를 하게 된다.

예를 들어, 동생과 다투다 때린 아이에게 "이런 모습을 보다니 정말 슬프구나. 동생을 때리면 다치잖아!"라고 말한다고 가정해 보자. 중요한 메시지여도 당시에는 큰 동기나 요인이 아닐 수 있다. 그러므로 "동생을 때리는 모습을 보니 슬프고 내 마음이 좋지 않네. 지금 당장은 너랑 같이 있기 불편하구나."라고 표현할 수 있다. (그리고 맞은 동생을 위로한다.)

이때 부모가 다른 방에서 큰 소리로 말하면 '나 메시지'는 효과가 없다. 비난과 수치심을 유발하는 행동과 별반 다르지 않기 때문이다. 아이가 부모에게 협조하고 부모의 니즈를 충족하는 데 도움이 될 기초를 형성하는 요소는 부모와 자녀의 끈끈한 유대관계라는 사실을 항상 기억하자. 그러므로 하던 일을 멈추고, 아이와 시선을 맞추고, 눈을 바라보고, 메시지를 전한다. 이 방법을 주문처럼 기록해 두자.

아이와 끈끈한 연결을 맺고 수정한다.

사랑이 넘치고 효율적인 관계는 비판적이지 않은 관점으로 부모의 니즈를 충족하고, 서로의 관계를 유지하며, 아이가 행동의 결과를 이해하도록 한 결과물이다.

● 긍정적인 '나 메시지'

'나 메시지'에 대한 설명을 마치기 전에 나는 '나 메시지'가 긍정적인 내용을 전하는 강력한 도구로도 작용한다는 점을 강조하고 싶다. '나 메시지'로 칭찬을 보다 더 서술적이고 구체적으로 할 수 있다. 예를 들어, "너는 엄마를 정말 잘 도와주는 좋은 딸이야." 대신 "네가 식탁 청소를 도와주니 엄마는 정말 행복해."라고 표현할 수 있다. 나는 버스정류장에서 딸을 우연히 마주쳤을 때 학교가 어땠는지 질문을 늘어 놓기보다는 "우연히 마주치니까 정말 행복해."라고 자주 말한다.

긍정적인 '나 메시지'는 아이의 감정 은행 계좌에 '예금'을 유치하는 최고의 방법이다. 부모가 긍정을 인정하는 데 에너지를 집중할 때 아이와의 튼튼한 연결 고리를 형성할 수 있다. 그리고 그 결과 나중에 아이의 문제 행동을 바로잡아야 할 때 엄청난 도움을 받을 수 있다.

'나 메시지'로 말하는 데에는 엄청난 노력이 필요하지만 장기적으로 보면 '나 메시지'는 그 가치를 충분히 발휘한다. 위협적인 부모가 되면 양육은 시간이 지날수록 점점 더 힘들어질 것이다. 하지만 부모가 '나 메시지'와 같이 다정하고 효과적인 의사소통 방법으로 아이를 대하면 아이는 부모로부터 존중받고 있다는 느낌을 느끼고, 부모를 존중하는 데 익숙해지면서 시간이 지날수록 양육이 더 쉬워진다.

지금부터는 심술궂고 못되게 구는 부모가 되지 않으면서도 부모의 니즈를 충족할 수 있는 다른 방법을 살펴보겠다.

긍정적인 '나 메시지' 만들기

배우자, 가족, 친구에게 감사의 메시지로 여러분이 그들을 얼마나 소중히 여기는지 전하자. 여러분의 삶을 더 나아지도록 만들어 준 그 사람의 말이나 행동을 떠올린다. 그 행동을 비판적이지 않은 태도로 어떻게 묘사할 것인가? 여러분의 삶에 어떤 영향을 미쳤는가? 어떻게 느꼈는가? 지금 다른 생각으로 관심이 분산되기 전에 휴대폰을 꺼내서 그 사람에게 긍정적인 '나 메시지'를 보내자. 그리고 그 메시지가 관계에 어떤 긍정적 영향을 주는지 주목하자.

● 친구라는 필터를 이용하자

스트레스가 심한 상황에서는 '나 메시지'를 떠올리기 쉽지 않다. 특히 처음 배우는 상황에서는 더욱 어렵다. 더 세련되게 의사소통하는 또 다른 방법이 있는데, 내가 '친구 필터'라고 부르는 방법이다.

부모는 아이에게 명령하고 비난하고 위협하고 인신공격을 한다. 하지만 곰곰이 생각해 보면 우리는 친구나 친구의 아이에게는 절대 이런 식으로 말하지 않는다. 또한 아이에게 "신발 신어.",

"이 닦아.", "이리 와."라고 끊임없이 지시한다. 아이의 관점에서 부모는 쉴 새 없이 지시하는 존재다. 아이는 부모의 통제하는 표현에 짜증을 부리고, 그렇게 되면 결국 부모와 아이의 관계 계좌에 쌓아 놓았던 예금이 모두 바닥나고 만다.

나는 부모가 아이에게 양치질을 하라고 이야기해선 안 된다고 말하는 것이 아니다. 하지만 조금 더 세련되게 양치하라는 표현을 할 수 있지 않을까? '친구 필터'를 적용해 '좋아하는 친구에게 말한다면 어떻게 표현할까?'라고 스스로에게 질문을 해 보자. '내 친구의 아이에게 말한다면 어떻게 표현할까?'라는 질문도 괜찮다. 이런 사고방식은 식탁에서부터 놀이터에 이르기까지 모든 육아 상황에서 도움이 되어 준다.

'나 메시지'를 활용하는 것도 도움이 된다. "소파에서는 신발을 벗어야지."는 "이런! 신발 때문에 소파가 지저분해질까 봐 걱정이네."로 바뀔 수 있다. "이 닦아!"는 "이 닦을 시간이야."로 바뀐다. 이 정도의 '나 메시지'는 애써 연습하지 않아도 '친구의 아이에게 말한다면 어떻게 표현할 것인가'라고 스스로에게 묻는 것만으로도 충분히 교정된다.

끊임없는 명령으로 아이에게 맹공을 퍼붓는 일을 피하는 또 다른 방법도 있다. 가까운 친구에게 말하듯 한 단어로만 간결하게 말하는 방법이다. "자전거용 헬멧을 써야지."라고 말하는 대신 "헬멧!"이라고 말하는 식이다.

● 유쾌하게 한도를 정하기

엄격함에 한도를 정하는 것 외에도 약간의 재미를 가하는 방법도 적용해 볼 수 있다. 태도와 에너지에는 전염성이 있으므로 우리 스스로가 조금 더 재미있어지면 모두의 기분을 유쾌하게 만들고, 아이도 부모의 니즈에 덜 저항하게 된다. 장난스럽게 한계를 설정하는 일은 (우리가 제대로 감당할 수 있다면) 매우 좋은 아이디어이며 근육을 단련할 때처럼 연습을 통해 충분히 강화할 수 있다.

심리학자 로렌스 코헨Lawrence Cohen은 자신의 저서 《아이와 통하는 부모는 노는 방법이 다르다》(양철북, 2011(원제: 《Playful Parenting》, 2001))에서 유치한 행동과 놀이가 어떻게 부모와 아이 간의 친밀한 관계 형성을 돕고, 문제를 해결하는 단서가 되어 주는지 설명한다. 저자가 전하는 비법은 무엇일까? 그의 비법은 간단하다. 아이에게 웃음을 주고 있다면 올바른 육아라는 것이다.

건강하게 적당한 경계를 설정하면서도 유쾌한 방법으로 부모의 니즈를 충족할 수 있는 몇 가지 제안은 다음과 같다.

· **인물 설정하기.** 엄마 아빠가 목욕 특수 요원이 되어 등장한다! 혹은 지구에 막 도착한 외계인이 되어 아이에게 (가장 듣기 좋은 외계인의 목소리로) "이 물건은 무엇이니? 어떻게 쓰는지 가르쳐 줄 수 있어?"라고 묻는다. 부모는 카우보이, 공주, 예쁜 아가

씨 등 다양한 인물이 될 수 있다. 아이가 웃을 수 있도록 유쾌하게 한도를 정해 보자.

· **정반대로 하기.** 우스꽝스럽고 과장된 태도로 아이에게 원하는 일을 반대로 말한다. "욕조에 들어가지 마! 절대 안 돼! 내가 너 깨끗한 모습을 싫어하는 거 알지? 안 돼! 비누를 쓰고 있잖아!"라고 말하는 것이다.

때로 아이는 자신이 부모의 말을 따라야 하는 무기력한 존재라고 느껴지면 부모가 정한 한계에 저항한다. 정반대의 관점을 과장해서 말함으로써 아이는 자신이 부모를 이기는 힘을 얻었다고 느낄 수 있다.

· **유치하게 표현하거나 우스꽝스러운 노래 부르기.** 여기에 춤까지 추면 더 좋다. 로봇과 같은 목소리로 "삐빗! 목욕 시간!"이라고 말한다. 노래로 할 수 있는데 말로 할 필요가 있을까? 일반적인 명령보다는 "신발. 신발. 신발 신을 시간!"이라고 노래를 부르듯 말하면 아이는 더 재미있게 협조할 것이다. 〈나의 사랑 클레멘타인〉의 가락에 맞춰 "나의 사랑, 나의 사랑, 정말 가야 할 시간! 너는 노느라, 가기 싫지. 하지만 이제는 갈 시간!"이라고 노래를 불러 보자.

· **터무니없는 이야기하기.** 아주 짧고 터무니없는 이야기가 가장 좋다. "내가 공원에서 엄마 고양이 옆에 있지 않았던 파란색 새끼 고양이 이야기를 해 준 적 있었나?"처럼 전달하고 싶은 내용을 포함해 아이의 웃음을 자아내는 이야기를 한다.

· **무능력해지기.** 부모가 아주 기본적인 일도 할 수 없는 사람처럼 행동하면 아이는 재밌다고 생각한다. "이런, 이 공원에서 빠져나가는 방법을 까먹었어. 출구를 못 찾겠네! 여긴가?" 하면서 나무에 쿵 부딪히는 식으로 말이다. "양치질을 할 시간이네! 잠깐만, 이빨이 어디 갔지? 여기 있나?" 하면서 칫솔을 귀나 팔꿈치에 갖다 댄다. "잠잘 시간이야! 나 정말 피곤해! 이 편안한 침대에 누울래."라고 하면서 아이의 조그만 침대에 살짝 눕는다. 그러면 아이는 까르르 웃음을 터뜨리며 부모를 도울 책임을 맡은 어른스러운 역할을 한다.

· **인형, 장난감, 손으로 연기하기.** 계속 문제가 반복되는 상황이 있다면 장난감이나 동물 인형으로 연기를 해 보자. 아이가 역할 놀이를 주도하게 해서 창의적으로 문제를 해결하거나 역할극을 하게 돕는다. 손가락에 끼우는 인형이 없으면 손을 활용해도 좋다.

부모인 우리는 오랫동안 지속될 수 있는 아이와의 진심 어린 관계를 간절히 바란다. 심각하고 끈질긴 모습 대신 유쾌한 분위기를 조성하기 위해 에너지를 쏟는다면 일상생활에 재미를 더하고, 아이와의 연결 고리를 만들어 낼 수 있다.

　아이의 행동에 적당한 한계를 설정해 주고 눈앞에서 반짝반짝 빛나는 아이를 위해 긍정적이고 웃음이 가득한 상황을 만들어 보자.

사랑스럽고
효과적인 표현

지금까지의 말하기 습관이 그다지 세련되지 못했어도 괜찮다. 이 건 당신의 잘못이 절대 아니다. 기존의 대화 방식에 대해 수치심 이나 책임감을 느끼지 않길 바란다. 우리는 여러 세대에 걸쳐 명 령과 위협에 의지해 왔다. 하지만 이제 여러분이 더 좋게 말하는 방법을 잘 알게 되었으니 나아질 수 있다.

또한 긍정적인 방향으로 전환을 시작하기 위해 완벽한 '나 메시 지'나 이상적인 로봇 목소리를 내지 않아도 된다고 말해 주고 싶 다. 다른 일들과 마찬가지로 시간이 지나면서 연습을 하면 할수 록 새로운 의사소통 기술을 더 잘 적용할 수 있을 것이다. 어색하게 느껴지더라도 포기하지 말자. 어색한 건 당연하다. 대신 장기적 관점에서 생각하며 계속 연습을 해 보자. 완벽함보다 나아간다는 사실 자체가 중요하기 때문이다.

새로운 육아 기술들이 삶의 일부분으로 자리잡으면 아이들의 저항도 점점 줄어들 것이다. 명령이나 위협과는 달리 '나 메시지'나 유쾌한 대화법으로 말하면 시간이 지남에 따라 육아가 더 쉬워진다.

왜 그럴까? 아이는 부모가 자신을 존중하고 신중하게 대한다는 점을 이해하고, 그에 부응하고자 진심으로 부모에게 협력하기 때문이다. 새로운 대화법을 적용하면 아이의 타고난 공감 능력이 점차 발전한다. 아이는 부모가 감정과 니즈를 가진 사람이라는 사실을 제대로 바라볼 수 있게 된다.

안타깝게도 '나 메시지'와 유쾌한 대화법은 마술이 아니다. 그러므로 부모의 니즈를 방해하는 행동을 반드시 변화시키지는 못한다. 아이의 니즈가 강하고 부모의 니즈와 충돌하는 상황도 찾아올 수 있다. 이런 상황을 어떻게 다루어야 하는지는 다음 CHAPTER에서 살펴볼 것이다.

우리는 지금 존중, 친절, 신중함이 깃든 새로운 언어를 배우기 시작한 초보자다. 새로운 언어를 삶에 받아들이면 아이도 점차 세련된 의사소통법을 배우고 활용하게 될 것이다. 그때까지 시간이 걸리더라도 걱정하지 말고 계속 연습을 이어 가자! 시간이 지

나면서 아주 조금씩 변화가 일어날 것이다. 그리고 결국 세상의
변화를 만들지도 모른다.

이번 주의 실천 과제

✓ 일주일에 4일에서 6일, 하루 5분에서 10분간 좌식 명상 혹은 바디 스캔 명상
  하기
✓ 일주일에 4일에서 6일, 사랑과 친절 연습하기
✓ 의사소통의 장애물을 사용하는지 신경 쓰기
✓ '나 메시지' 연습하기
✓ 유쾌하게 한계 설정하는 연습하기

"아이에게 주변 사람을 고려해 자신의 욕구를
조절하는 법을 가르치는 대신…
우리는 더 효율적이라고 생각하거나 우리에게 다른 방식으로
욕구를 충족할 에너지나 기술이 부족하다는 이유로
우리가 원하는 바를 아이에게 강요한다."
— 오렌 제이 소퍼Oren Jay Sofer

신중하게 문제 해결하기

내가 이 글을 쓰기 위해 막 서재로 들어갔을 때 큰딸이 다가와 말했다. "엄마, 작은 다툼이 생겼어요. 아빠가 엄마를 모시고 오라고 했어요." 거실에 들어서자마자 나는 감정이 폭발하는 엄청난 순간이 방금 지나갔다는 사실을 깨달았다. 작은딸은 남편의 품에 안겨 울고 있었다. 딸들은 물건을 서로 나누어야 하는 상황에서 싸웠다고 했다. 늘 그래 왔던 것처럼….

예전의 나는 판사와 배심원처럼 높은 자리에서 내가 판단한 대로 결정을 내렸다. 하지만 이번에는 큰딸과 작은딸의 말을 차례로 들었다(한쪽이 말할 때 수시로 다른 쪽이 끼어들지 못하도록 주의를 줘야 했다). 이야기를 듣고 난 뒤 내가 이해한 대로 상황을 간추렸다. 그리고 마음챙김 육아 전략을 꺼내 들었다. 나는 해결책을 배제한 채 두 딸에게 각자 원하는 것을 이야기하라고 했다. 둘 다 공정함을 원했다. 일단 서로 원하는 바를 파악하고 나자 딸들은 스스로 해결책을 낼 수 있었다.

갈등은 가족의 삶에서 일반적이고 자연스러운 부분이므로 언제든 수시로 생길 수 있다. 연구 결과에 따르면 형제자매는 평균 1시간에 한 번 갈등을 겪으며, 부모는 청소년기 자녀와 하루에 한 번꼴로 갈등을 경험하는 것으로 나타났다.[11] 우리는 갈등에 매우 심하게 저항하지만 갈등은 일반적인 현상이라는 사실을 받아들이면 갈등의 결과로 인해 생기는 불편한 마음을 어

---

11) 《마음챙김 양육Mindful Parenting: A Guide for Mental Health Practitioners》, 캐슬린 레스티포 Kathleen Restifo, 수전 뵈겔스Bögels, Susan, 2014

느 정도 떨쳐 버릴 수 있다. '고통×저항=괴로움'이라는 방정식을 기억하는가? 갈등은 당연하며 인간관계에서 피할 수 없는 요소라는 점을 받아들여야 할 때다. 아이들이 싸우거나 배우자와 갈등을 겪는 일이 자신의 잘못이라는 죄책감을 느낄 필요는 없다. 갈등은 매우 정상적이기 때문이다.

왜 그럴까? 우리는 모두 니즈가 있지만 때때로 다른 사람의 니즈와 충돌하는 방식으로 자신의 니즈를 충족시키기 때문이다. 여섯 살짜리 아이가 뛰어다니면서 에너지를 발산하고 싶더라도 나는 조용한 시간을 보내고 싶은 니즈를 강하게 느낄 수 있다. 아이가 부모의 니즈와 부딪치는 방식으로 강한 충동을 느낄 때 바로 니즈의 충돌이 생긴다. 현실에 기반을 둔 채 차분함을 유지하고, 신중하게 듣기를 실행하며 '나 메시지'를 이용하면 다양한 갈등 상황을 슬기롭게 헤쳐 나갈 수 있다. 하지만 이런 대화 기술이 충분하지 않다면 어떻게 해야 할까? 그럴 때 우리에게 필요한 것은 조금 더 미묘한 갈등 해결 기술이다. 바로 이 내용이 이번 CHAPTER의 주제다.

우리는 명상으로 삶의 행복, 회복탄력성, 충동 조절 능력을 향상할 수 있다는 사실을 배웠다. 좌식 명상으로 스트레스 반응을 줄이게 되면 피할 수 없는 문제가 생겼을 때 침착함과 동정심을 바탕으로 반응할 수 있다. 마음챙김 명상은 갈등 해결 기술의 기초가 되며 우리가 배려심 있고, 사려 깊으며, 사람 대 사람 관계를 바탕으로 한 방식으로 반응할 수 있도록 돕는다.

01

기존의 갈등 해결법

아이가 어떤 일을 하도록 유도해야 하는데 세련된 의사소통을 위한 노력이 효과를 발휘하지 못할 때 부모는 어떻게 해야 할까? 이때 부모는 자신의 해결책을 강요하려고 더 강하게 밀어붙인다. 어떤 부모는 자신이 원하는 바를 충족시키는 '승리'를 맞이하지만 때때로 '패배'하는 부모도 있다. 승리와 패배로 나뉘는 결과는 부모의 양육 방식에 따라 잘 맞을 수도 있다. 예를 들면 권위주의적 육아 스타일을 따르는 경우에 말이다.

● 권위주의적 육아와 갈등

권위주의적 육아 접근법에서는 문제의 해결책이 아이보다 높은 위치에 있는 부모로부터 아이에게 전해진다. 부모가 규칙을 세우면 아이는 시키는 대로 해야 한다.

이런 스타일의 육아는 아이가 제대로 자라려면 나쁜 행동에 대해서는 벌을 받고, 좋은 행동에 대해서는 보상을 받아야 한다는 믿음에서 출발한다. 이 접근법의 목표는 아이가 부모의 모든 명령에 순응하는 데 있다. 부모가 힘으로 아이에게 육체적·심리적 고통을 가할 때 아이는 체벌을 면하기 위해 복종한다. 이는 친숙하면서 합리적인 접근법이라고 생각될 수도 있다. 하지만 권위주의적 접근법으로 육아를 하는 부모는 아이의 복종을 얻는 대신 그에 대한 큰 대가를 치른다.

8년 전, 여러분이 나를 가리켜 아이에게 체벌을 가하지 않을 사람이라고 말했으면 나는 아마 여러분이 제정신이 아니라고 생각했을 것이다. 체벌 없이 어떻게 아이를 통제할 수 있단 말인가? 아이에게 타임아웃(갈등 상황에서 감정을 가라앉히기 위해 행동이나 대화를 중단한 다음 방에 들어가 있으라고 하는 지시)을 적용하지 않던 이웃을 기억하고 있다. 나는 아이가 통제 불능 상태가 되도록 방치하는 부모가 아니었기 때문에 그 부모를 망상가라고 생각했다. 하지만 나 역시도 아이들에게 지난 몇 년간 체벌을 가하지 않고 있다는 점이 재미있다. 감사하게도 내 딸들은 체벌 없이도 통제 불능 상태가 되지 않는다.

체벌에 관한 기존의 내 생각에는 두 가지 문제가 있었다. 첫째, 나는 체벌로 아이에게 무엇을 가르칠 수 있는지 깨닫지 못하고 있었으며 둘째, 체벌의 대안이 될 만한 모델이 존재하지 않았다.

아이는 체벌을 통해 무엇을 배우는가?

체벌의 가장 큰 문제점은 아이에게 도움이 될 만한 가르침을 전혀 전하지 못한다는 점이다. 권위주의적 육아 접근법은 부모가 아이의 잘못된 행동을 체벌하면 아이는 스스로 자신의 잘못을 깨닫고 올바른 길을 갈 것이라는 믿음을 전제로 한다. 하지만 권위주의적 육아법이 궁극적으로 아이에게 전하는 메시지는 정당하든 아니든 가장 힘 있는 자가 승리한다는 메시지뿐이다(즉, 아이가 힘을 갖게 되면 자신보다 약한 존재에게 해결책을 강요할 수 있다는 뜻이다).

체벌은 분노를 유발한다. 체벌에 대한 두려움은 단기간 동안에는 효과를 발휘하지만 장기적 관점에서 아이를 부모에게 덜 협조적인 사람이 되도록 만든다. 아이는 자신을 체벌하는 사람, 즉 부모를 원망하게 되기 때문이다. 이런 분노와 원망은 아이의 마음 깊은 곳에 켜켜이 쌓여 부모와 아이 간의 관계를 무너뜨린다.

체벌은 심리적으로 해롭다. 체벌과 언어폭력(소리 지르기)은 아이에게 지속적으로 악영향을 미친다. 엉덩이 때리기와 같은 체벌은 특히 엄청나게 해롭다. 체벌이 언어적·신체적 공격성에 영향을 미친다는 사실을 증명하는 자료는 계속 늘고 있다. 자라면서 잦은 체벌을 경험한 이들은 반사회적 범죄 행위에 연관될 가능성이 크고, 부모와 아이 관계의 질이 저하되며, 정신 건강에 해롭고, 결혼 후 배우자와 자신의 아이를 학대하는 경향이 더 많았다.[12]

소리 지르는 행동이 체벌보다 나은 것도 아니다. 967개 가정을 추적 연구한 결과에 따르면 10대 초에 가혹한 언어적 훈육에 노출된 청소년은 10대 후반이 되면 학교에서 비행을 저지르거나 부모에게 거짓말을 하거나 물건을 훔치거나 폭력을 저지를 확률이 높았다. 게다가 부모의 적개심은 청소년이 비행을 저지르는 위험을 증가시키고 분노나 과민함, 호전성을 유발한다.[13] 그래서 결론은 무엇일까? 부모가 소리를 지르면 아이의 행동은 더 나빠진다는 것이 결론이다.

---

12) 〈부모 규율 관행에 관한 국제 표본Parent Discipline Practices in an International Sample〉. 거쇼프Gershoff 외. 2010

13) 〈아버지와 어머니의 가혹한 언어 훈계와 청소년의 행동 문제 및 우울 증상에 관한 종적 연관성Longitudinal Links Between Fathers' and Mothers' Harsh Verbal Discipline and Adolescents' Conduct Problems and Depressive Symptoms〉. 밍더 왕Ming-te Wang, 사라 케니Sarah Kenny. 2013

체벌은 자기중심적인 사람이 되게 한다. 체벌은 아이의 행동이 타인에게 미치는 결과보다는 아이가 겪은 상황의 '결과'에 초점을 맞춘다. 그러면 결국 아이는 더 자기중심적이고 덜 공감하는 사람이 되고 만다. 또한 체벌은 자신에게만 집중하며 다른 사람은 비난하라고 가르친다. 게다가 아이가 체벌을 부당하다고 느끼게 만들어서 잘못된 행동을 바로잡는 일 자체에 반감을 품을 수도 있다.

체벌은 거짓말을 하라고 가르친다. 아이는 체벌을 피해야 한다는 사실을 배운다. 따라서 부모에게 발각되지 않도록 잘못을 숨기거나 거짓말을 하게 된다. 결국 체벌은 부정직不正直함을 조장한다.

체벌은 아이에게 올바른 행동을 가르치지 못한다. 가장 큰 문제는 아이가 올바른 행동을 배우지 못한다는 데 있다. 아이는 실수를 저지르면 '나쁜 아이'로 불리고, (발각되었을 때) 어떤 식으로든 자신이 상처를 입게 될 것이라는 점을 배운다. (체벌로 인한) 자신의 고통에만 집중하는 까닭에 다른 사람의 감정을 살피고 설명하는 법을 배우지 못한다. 아이의 동기는 단순히 체벌 피하기에 그치고 만다.

또한 내적·윤리적 기준을 발전시킬 수많은 기회를 잃는다. 결국 아이는 부모의 군림하는 행동을 흉내 내고 자신보다 약한 사람을 힘으로 제압하는 법을 배운다. 아이는 자신이나 다른 사람의 욕구를 배려해야 한다는 사고를 발전시키지 못하고, 갈등 상황에서 양쪽 모두의 니즈를 공정하게 존중하는 태도로 충족시키는 법도 배우지 못한다.

체벌은 덜 협조적인 사람으로 만든다. 체벌 혹은 타임아웃은 부모와 아이의 관계를 망가뜨려 아이가 부모를 덜 돕고 싶어지도록 만든다. 아이는 갈등을 해결하는 데 선택권이 없으므로 해결책을 떠올리더라도 끝까지 밀고 나갈 동기를 얻지 못한다. 그러면 어떤 상황에서든 부모가 '집행자'가 되어야 하고, 아이는 부모에게 억울한 감정과 분노를 느껴서 매사에 덜 협조하는 사람이 된다. 또한 아이는 부모를 고통의 원인으로 지목하고 분노와 적개심을 키운다.

체벌이 효과를 발휘하지 못하면 부모는 어떻게 문제를 해결하고 원하는 바를 이루어야 할까? 아이가 규칙을 만들도록 유도하는 방법이 해결책이라고 믿는 부모도 있다. 이를 **자유방임적 육아**라고 부른다.

● 자유방임적 육아와 갈등

여러분이 아이는 본질적으로 선하며 자신을 위한 최고의 선택이 무엇인지 매우 잘 알고 있다고 믿는다면? 또는 아이와의 갈등에 지친 나머지 아이가 원하는 바를 모두 허용하기로 했다면? 이런 태도는 자유방임적 육아로 표현된다.

자유방임적 부모와 아이에게 갈등이 생기면 해결책은 보통 아이에게 달려 있다. 아이는 '승리'하고 부모는 '패배'한다. 이런 접근법은 형세가 뒤바뀐 까닭에 부모가 아이를 원망할 수 있다. 자유방임적 육아는 아이를 더 자기중심적이며 자기 통제 능력이 부족한 사람으로 만들 수 있고, 약물 사용의 위험 또한 더 크다. 자유방임형 부모의 아이 중 일부는 권위주의적 부모의 아이보다 심리적 안정감이 더 클 수 있지만 통제하기 힘든 행동을 보이는 경우가 더 많다.[14]

흥미롭게도 권위적인 부모의 아이와 마찬가지로, 지나치게 자유방임적인 부모의 아이도 인생의 매우 중요한 두 가지 기술인 공감과 자제력을 배울 기회를 놓친다. 아이가 부모의 희생으로 자신의 모든 니즈를 충족하면 자기중심적인 사람이 되는 법을 배

---

14) 《나쁜 행동에 관한 좋은 소식The Good News About Bad Behavior》, 캐서린 레이놀즈 루이스 Katherine Reynolds Lewis, 2018

우기 때문이다. 부모가 자신의 니즈를 주장한 적이 없으므로 아이는 다른 사람의 니즈를 고려하는 법을 배우지 못한다. 적당하며 건강한 경계가 없으니 아이는 성공을 위한 모든 노력의 핵심 요건인 자제력을 기를 기회를 놓친다. 공감 능력이나 자제력이 부족한 아이는 평생 힘겨운 삶을 살 수밖에 없다.

02

니즈의 균형을 통한
갈등 해결

권위주의적 양육과 자유방임적 양육 모두 갈등 해결을 제로섬 게임으로 본다. 즉, 한쪽이 이기면 다른 쪽은 지는 게임이다. 한 사람이 모든 권력을 갖고 다른 쪽은 니즈를 충족시키지 못한다. 이런 접근법의 가장 큰 문제점은 서로의 니즈를 이해하는 깊은 단계로 나아가지 못하고, 해결의 표면 단계에 머문다는 데 있다. 대개는 양쪽의 니즈를 충족시킬 방법을 찾아 모두가 승리할 수 있는데도 말이다.

이런 극단적인 접근법을 들여다보면 가족 내에서 갈등을 해결하는 일이 단순히 복종을 요구하거나 아이가 원하는 바를 제공하는 것보다 더 복잡한 문제라는 사실을 이해할 수 있다. 우리가 갈등을 해결하는 방법은 인류에 대한 더 깊은 관점을 반영하고 있으며, 우리는 무의식적으로 이를 아이에게 전한다. 인류는 본질적으로 선한가? 아니면 우리는 모두 죄인인가? 우리는 니즈를 충족하기 위해 반드시 싸워야만 하는 약육강식의 세계에 살고 있는가? 우리는 항상 가장 큰 힘을 가진 이에게 복종하는가?

그 대신 이런 질문을 던져 보자. 모두가 자신의 니즈를 충족할 수 있는 중간 지점을 어떻게 찾을 수 있을까? 조금만 더 노력하고 이해한다면 모두 승리할 방법이 있다는 사실을 어떻게 증명할 수 있을까?

나는 규율이 관건이라고 생각한다. 하지만 규율은 체벌을 통해 복종을 유도하는 게 아니라 아이를 가르치며 조언을 주고 모범을 보이는 방법을 통해 이루어져야 한다. 규율의 어원은 라틴어 디스키플리나disciplina로 '가르침, 배움, 지식'을 의미하며 디스키플루스discipulus는 '제자, 학생, 추종자'를 의미한다. 아이가 정서적으로 건강하고 조화로운 성인이 되도록 기르고자 하는 목적을 염두에 둔다면 어떤 문제 해결 방법을 보여 줘야 할 것인가?

● 니즈의 관점에서 부모와 아이의 갈등 이해하기

부모가 아이의 행동 때문에 좌절하고 불안해하며 성가시다고 느낄 때 아이는 자신의 니즈를 충족시키려는 중이다. 작은딸이 남편과 나의 대화에 끊임없이 참견할 때라면 관심을 얻고자 하는 아이의 니즈가 남편과 대화하려는 나의 니즈와 충돌하는 중이라고 할 수 있다. 어떻게 대처해야 할까? 나는 명상을 하면서 현실에 기반을 두고 반응적으로 행동하는 것이 크게 줄었다. 또한 "네가 계속 참견하면 나는 아빠가 무슨 말을 하는지 들을 수가 없어서 기분이 안 좋아져." 식으로 말하는 '나 메시지' 역시 도움이 되었다. 하지만 딸이 같은 행동을 계속하면 어떻게 해야 할까? 이런 니즈의 충돌을 어떻게 해결해야 할까?

대부분의 사람들은 문제 해결과 니즈 충족에 대해 상반된 해결책을 가지고 있다. 딸이 나를 위해 내놓은 해결책은 남편과의 대화를 멈추라는 것이었다. 반면 딸을 위한 내 해결책은 엄마가 이야기를 마칠 수 있도록 조용히 기다리라는 것이었다. 우리는 각자 자신의 해결책에만 몰두하기 매우 쉽다. 하지만 모두의 근본적인 니즈를 충족한다는 목표에 동참할 수 있다면 갈등은 대개 평화적으로 해결된다.

일단 무언가를 원하는 단계에 이르면 분명한 해결책이 드러날 것이다. 그 단계에 이르기까지는 갈등이 있는 동안 (정서적 안정이 충분히 보장된다면) 단순한 대화가 필요하기도 하고, 양쪽 모두 흥분을 가라앉힐 시간을 갖고 나서 나중에 조금 더 구체적으로 이야기를 해야 할 수도 있다. 딸이 대화를 방해하는 상황처럼 사소한 갈등이라면 아이가 그 순간 무엇을 원하고 있는지 대화로 파악해 보자.

작은 갈등 중 연결 고리 찾기

갈등 해결의 실마리는 관계에서 출발하므로 나는 딸을 향해 몸을 돌려서 눈을 마주치고 소매를 부드럽게 매만지면서 '나 메시지'를 전달했다. "네가 계속 끼어들어서 아빠가 뭐라고 하는지 들을 수 없어서 기분이 안 좋아."라고 말했다. 그래도 딸이 계속 대화에 끼어든다면 분명 강하게 원하는 바가 있을 것이다. 그런 경우에는 주의 깊게 들으면서 아이의 숨겨진 니즈를 파악하려고 노력한다. "내가 아빠랑 이야기하느라 네가 엄마한테 정말 중요한 말을 하고 싶다는 걸 깜박할까 봐 걱정되는 모양이구나."라고 말해 준다. 이때 딸이 내 말에 동의하면 나는 우리 두 사람의 니즈를 모두 충족할 수 있는 해결책을 제안한다. "아빠와의 이야기는 그리 오래 걸리지 않을 거야. 아빠랑 이야기가 끝나면 바로 네 이야기를 들을게. 내 어깨에 손을 얹고 차분히 기다려 주면 네가 할 말이 있다는 걸 깜박하지 않을 것 같아."라고 말이다. 이 제안에 아이는 만족했고, 우리 두 사람의 니즈는 충족되었다.

모두가 만족하는 '윈윈Win-Win' 문제 해결법

우리는 때때로 좀 더 까다로운 갈등 상황을 겪는다. 그럴 때 문제를 해결하는 데 신뢰할 수 있는 절차가 있으면 큰 도움을 받을 수 있다. 한 가지 매우 효과적인 절차가 있는데, 이를 윈윈 문제 해결이라고 부른다. 진행 순서는 다음과 같다.

윈윈 문제 해결의 단계

1 정의: 해결책이 아니라 니즈 정의하기.
2 브레인스토밍: 양쪽 모두가 생각할 수 있는 해결책을 최대한 많이 찾아보기.
3 평가: 어떤 제안이 양쪽의 니즈를 충족할 수 있는가?
4 결정: 누가 무엇을 언제 할 것인지 결정하기.
5 확인: 모두의 니즈가 충족되었는지 확인하기.

이런 방식으로 갈등을 해결하면 공정성이 발휘된다. 모두의 니즈는 똑같이 중요하며 둘 다 반드시 충족되어야 하기 때문이다. 한쪽의 해결책을 다른 쪽에 강요하지 않는다면 가족 내에서 원망 대신 사랑과 존중이 자라난다. 이 절차를 진행하는 방법은 이렇다.

1. **니즈 정의하기.** 먼저 각자의 니즈를 기록한다. 아이가 자신의 니즈와 해결책이 인정받고 있음을 분명히 확인할 수 있도록 종이에 적는다. 아이가 글씨를 읽지 못하더라도 자신의 니즈가 기록

되었다는 점에 행복해할 것이다. 아주 큰 종이에 적으면 더 좋다!

이 단계에서 가장 중요하고 까다로운 부분은 부모의 니즈를 해결책과 구분하는 것이다. '필요'라는 단어를 사용할 때 사람들은 실제로 표현되지 않은 니즈에 대한 해결책을 언급하기도 한다.

예를 들어, 아이가 "나는 휴대폰이 갖고 싶어요."라고 말하면 이는 해결책이다. 아이가 내놓는 해결책의 기저에 숨겨진 니즈를 제대로 이해하기 위해서는 "휴대폰이 네게 어떤 도움이 되니?"라고 질문해야 한다. 이렇게 니즈를 정확히 구분하는, 부드럽게 강요하지 않는 방법은 아이가 자신의 니즈를 제대로 이해하는 데 도움이 된다. 이 경우 아이에게 독립적이고 밀접한 친구 같은 관계가 필요할 수 있다. 일단 근본적인 니즈를 파악하고 나면 그 내용을 인정하기 위해 기록한다.

2. 브레인스토밍하기. 아이가 생각을 먼저 말하고 가능한 한 많은 아이디어를 내도록 권유하면서 아이의 아이디어를 비판하지 않는 태도가 매우 중요하다. 아이가 낸 아이디어가 다소 특이하더라도(예를 들면, '방 청소 로봇을 만들자'와 같이) 모두 기록한다. 아이는 자기 생각을 진지하게 받아들여 주는 부모에게 감사해할 것이다. 또한 과정에 약간의 재미를 더할 수 있는 좋은 방법이기도 하다. 브레인스토밍을 하는 동안에는 아이의 생각을 평가하지 않고 모든 생각을 기록한다.

3. 평가하기. 아이디어의 목록을 빠르게 검토하기 위해 아래와 같이 단순한 체계를 이용하는 것도 좋다.

✓ 모두가 동의하는 해결책에 표시하기

✗ 누군가 원하지 않거나 가능하지 않은 해결책에 표시하기

? 모두가 동의하지 않은 해결책에 표시하기

이 체계를 이용해 목록을 빠르게 확인한다. (이때 해결책이 무엇이 될 것인지에 대해 상당히 좋은 아이디어가 떠오르기도 하지만 계속 진행한다.) 물음표가 달린 항목으로 돌아가 실제로 누구의 니즈를 충족하는지 확인한다.

4. 결정하기. '나 메시지'와 주의 깊게 듣기를 이용해 해결책을 논의한다. 필요하다면 새로운 해결책을 제안해 본다. 해결책을 선택하고 나면 계획을 기록한다. 그러고 나서 누가 무엇을 언제 할지 결정하면 된다.

5. 확인하기. 해결책이 여전히 모두의 니즈를 충족하는지 며칠 뒤 확인하겠다는 사실에 동의한다. 모든 일이 잘 진행되고 있다면 모두의 협력을 통해 어떻게 문제를 해결했는지 기억할 멋진 기회가 될 것이다. 그렇지 않다면 다시 윈윈 문제 해결 절차를 진

행하는 일도 가능하다.

　이런 문제 해결 방식에 서툴면 처음에는 다소 부담스럽게 느껴질 수 있다. 그러면 긍정적인 문제에 먼저 윈윈 문제 해결법을 도입해 보자. 긍정적인 문제에 윈윈 절차를 시도해 보는 건 좋은 선택이 될 수 있다.

실천 과제

긍정적인 문제의 윈윈 해결법

윈윈 문제 해결법의 절차에 익숙해지는 좋은 방법이 있다. '다음 휴가지는 어디로 정할 것인가?' 혹은 '주말에 무엇을 할 것인가?'와 같이 긍정적인 문제를 해결하는 과정에 윈윈 문제 해결법을 적용해 보는 것이다.

　방법은 이렇다. 모두의 의견이 필요한 긍정적인 안건을 정한다. 아이를 대화의 장에 초대하고 큰 종이를 준비한다. 문제를 간단하게 기록한다("다음 주말에 모두들 자유 시간이 생겼으니 무엇을 할지 함께 결정해 보자.").

1 부모의 니즈를 정의한다(예를 들어, "나는 운동으로 몸을 관리해야 할 것 같아."). 모두에게 자신이 원하는 바를 물어본다("다음 주말에 어떻게 시간을 보내고 싶니?"). 답변을 모두 기록한다. 아이가 내놓은 해결책을 숨

겨진 니즈로 해석하자. "그 일이 너/나/우리에게 어떤 도움이 되니?"라고
질문해서 숨겨진 니즈를 파악한다.

2 제시된 생각에 브레인스토밍 과정을 거친다. 모든 아이디어를 빠짐없이
기록한다. **아직 평가는 하지 않는다!**

3 모든 아이디어가 도출되고 나면 ✓, ✗, ? 체계를 이용해 빠르게 목록을
점검한다. 되도록 현실에 기반을 두고, 신중하게 듣고, '나 메시지'를 이
용해서 추려 낸다.

4 모두의 니즈를 충족하는 계획으로 결정한다. 계획을 기록해 아이가 종
이에 기록된 자신의 생각을 확인하도록 보여 준다.

5 마지막으로 확인하는 일을 빠뜨리지 않는다. 주말이 지난 뒤 메모를 다
시 확인하고 주말이 어땠는지 이야기한다. 모두의 니즈를 충족했는가?
이 단계는 부모가 아이의 의견을 진지하게 받아들이고, 부모의 니즈 역
시 아이에게 중요하다는 사실을 전해 상황이 감정적으로 과열되더라도
나중에 아이가 더 적극적으로 협조하도록 돕는다.

윈윈 문제 해결법의 문제점

아이가 평소에 부모의 니즈를 거부해 왔고 부모가 더 우월한
위치에서 강요하는 해결책에 반감을 품고 있었다면 부모가 자신
의 니즈를 진지하게 받아들일 것인지 신뢰하지 않을 수도 있다.
부모는 윈윈 해결법의 초기 단계, 즉 모두 모여 앉는 자리에 아이
를 동참시키는 과정부터 어려움을 겪기도 한다. 왜 그럴까? 전속
력으로 반대 방향으로 달리는 열차를 기억하는가? 같은 일이 여

기에서도 반복될 수 있다. 윈윈 문제 해결 과정에 아이가 동참하도록 만들려면 토론을 거친 다음 확신을 심어 주는 상황을 거쳐야 할 때도 있다.

윈윈 문제 해결법을 긍정적인 문제에 적용해 보면 아이는 어떤 결과를 기대할 수 있는지 파악하기 쉬워진다. 갈등이 생기면 문제를 의논하고 싶다는 부모의 의사를 미리 전한다. 윈윈 문제 해결법을 접해 본 적이 없다면 아이에게 방법을 간략히 설명한 다음 결과적으로 양쪽 모두 행복해져야 한다는 사실을 분명히 이해시킨다. 진심으로 들을 준비를 해야 하기 때문이다. 그리고 나중에 윈윈 문제 해결법을 시작한다는 동의를 구한다. 아무도 배고프거나 짜증이 나거나 피곤하지 않은 때를 선택하자.

또 다른 문제는 브레인스토밍 과정에서 아이디어를 평가하면서 발생한다. 아이디어가 나오면 그 내용을 평가하는 습관도 튀어나오는 것이 자연스럽지만 그렇기 때문에 평가를 자제하는 연습이 필요하다! 브레인스토밍과 평가를 분리하는 일은 매우 중요하다. 판단은 아이디어의 흐름을 저지하기 때문이다. 아이에게 이 사실을 설명하고 자제할 수 있도록 돕자.

부모와 아이가 윈윈 문제 해결법을 여러 번 연습하고 나면 문제 해결에 대한 접근이 매우 쉬워질 것이다. 또한 여러분의 문제 해결 과정은 점점 더 짧아지고 즉각적으로 처리될 수 있다. 하지만 초기에는 다른 모든 새로운 배움과 마찬가지로 어느 정도 시간이 걸리고 여러 번 반복해야 된다는 점도 기억하자. 완벽히 순조롭게 진행되지 않을 수 있으므로 약간의 시행착오를 당연히 여겨야 한다. 숙련된 의사소통 도구를 가족을 위한 멘토나 가이드로 삼자. 공감 어린 듣기와 말하기의 모범이 되자. 이때 명상은 여러분이 집중하고 안정감을 찾는 데 도움이 될 것이다.

윈윈의 이득

윈윈 문제 해결법을 이용한다고 해서 항상 원하는 해결책을 얻을 수 있는 건 아니지만 모두의 원하는 바가 충족되는 것만은 확실하다. 아이는 자신의 원하는 바가 충족되므로 더 잘 협조할 것이다. 게다가 아이는 의사 결정 과정에 참여한다는 사실에 만족한다. 다른 사람들이 일방적으로 전하는 지시와 니즈에 무력감을 느끼는 대신 윈윈 문제 해결법으로 아이는 자신의 목소리를 내면서도 다른 사람을 배려할 수 있게 되는데, 이는 인생을 살아가면서 필요한 매우 소중한 기술이다!

윈윈 문제 해결법이라는 갈등 해결 방법에 숨겨진 메시지를 생각해 보면 윈윈을 통해 부모는 아이가 향후 다른 사람들과 협조적으로 일하는 과정에 멘토 역할을 할 수 있다. 이 전략은 아이에게 다른 사람의 니즈를 고려하는 법을 가르치고, 다른 사람의 감정과 관점을 받아들이는 방법을 안내한다. 윈윈 문제 해결법은 논의하는 절차이므로 아이에게 힘을 이용하기보다 의견 차이를 좁히는 과정을 가르친다. 모든 아이가 이런 가치를 배운 채 자라 난다면 세상이 어떤 모습일지 상상해 보라!

● 형제자매 간의 갈등 다루기

부모 자신의 경험(부모에게 형제자매가 있다면)에서 알 수 있듯 이 형제자매 사이에서 발생하는 갈등은 삶에서 매우 일반적이며 자주 일어나는 일이다. 우리는 모두 이런 현실을 받아들여야 한 다. 그뿐 아니라 아이의 문제를 부모의 문제로 떠안지 않아야 한 다. 그래야 폭풍을 더 잘 견뎌 낼 수 있고 아이가 폭풍을 헤쳐 나 가는 과정에 도움을 줄 수 있다. 형제자매 관계는 삶에 강력한 영 향력을 발휘하지만 갈등을 다루는 건 쉬운 일이 아니다.

아이가 자신의 니즈를 표현하고 자립하며 형제의 의견을 수용 할 수 있게 하려면 부모가 어떻게 도와야 할까? 어떻게 하면 두 명, 혹은 세 명의 아이들이 동시에 강렬한 감정을 잘 이겨 내고 헤 쳐 나가도록 도울 수 있을까? 협력하고 지지하는 가족 문화를 통 해 형제간의 사랑이 더 커질 수 있도록 도우려면 어떻게 해야 할 까?

다행스럽게도 아이들이 어렸을 때부터 서로 긍정적인 관계로 시작해 그 원만함을 이어갈 수 있도록 돕는 여러 방법이 존재하며, 이미 그 효과가 증명되었다. 부모는 아이들이 자신의 감정을 이해하고 표현하면서도 서로의 관계를 존중하며 다루는 과정을 체득하도록 돕는 기술을 가르칠 수 있다. 《부모 멘탈 수업》(예담 friend, 2017(원제: 《Peaceful Parent, Happy Siblings》, 2015))의 저자 로라 마컴Laura Markham은 평화롭게 형제자매를 키우는 세 가지 원칙 은 부모의 자기 통제력, 관계를 우선으로 생각하는 자세, 통제가 아닌 조언을 목표로 하는 태도라고 요약했다.

자기 통제력의 기초 세우기. 아이를 완벽히 통제할 수는 없지 만 부모의 생각과 표현, 행동을 바꿈으로써 가족 내 패턴을 전환 할 수는 있다. 역할 모델은 가르치는 과정에서 가장 강력한 도구 가 된다. 자기 통제력은 누구에게나 어려운 부분이지만 평화로운 형제 관계를 돕는 데 가장 필수적인 요소다. 바로 여기에서 마음 챙김 수련이 개입한다. 부모 자신의 힘든 감정을 조절하기 위해 RAIN과 느리고 깊은 호흡이 필요하기 때문이다. 감정을 다스리 는 가장 좋은 방법은 매일 꾸준한 명상 연습이라는 점을 기억하 자. 꾸준한 명상은 삶에 더 큰 평온과 안정을 가져다 준다.

자신의 감정을 다스리는 부모의 아이는 스스로 감정을 다루는 법을 배워서 행동으로 나타내고 이를 형제자매에게도 적용할 줄 안다. 이런 아이들은 더 쉽게 안정을 찾으므로 다툼도 더 적다.

아이 한 명 한 명과의 관계를 우선시하기. 누가 옳았는지 파악하려고 하거나 형제자매의 싸움에서 판사와 배심원이 되려고 노력하는 대신 각각의 아이와 원만한 관계를 유지하는 일을 최우선 과제로 삼는다. 친밀한 관계는 아이가 부모의 조언을 따르도록 만드는 동기가 된다. 힘을 이용하지 않으면서 아이에게 무언가를 시키는 일은 쉽지 않다. 아이가 부모의 말을 따르겠다고 선택해야 하기 때문이다. 이때 부모와 친밀하다고 느끼는 아이는 부모의 말에 협조할 가능성이 더 크고, 형제에게도 더 관대하다.

통제 대신 조언하기. 코치는 힘 대신 영향력을 통해 아이가 최선을 다하도록 가르친다. 반면 통제는 체벌을 가하겠다고 위협함으로써 아이에게 부모가 원하는 대로 행동하도록 강요하는 행동이다. 체벌을 받으며 자란 아이는 자신의 지위와 권력을 행사하기 위해 형제를 상대로 힘을 이용하는 법을 배운다. 아이들은 이과정에서 서로를 비난할 동기를 얻는다. 싸웠다는 이유로 체벌을 받으면 서로를 원망하는 마음이 커지고 복수에 집중하게 된다.

자신을 아이들의 코치라고 생각하자. 코치는 언제 개입해야 할지 결정할 때 선수의 기술과 능력을 객관적으로 판단한다. 코치는 아이가 배울 때 더 개입하고, 개입한 이후에는 한 걸음 더 물러선다. 형제자매가 자라면서 스스로 자신의 문제를 해결하는 연습을 더 많이 하게 되면 부모는 한 걸음 물러서서 아이들에게 매우 가치 있는 자율적 경험을 안겨 줄 수 있다. 아이들은 실수할 수 있어야 하며, 실수를 통해 배운다. (안전이 염려된다면 언제든 개입하는 것도 좋은 생각이다.)

그렇다면 어떻게 코치해야 할까? 가장 중요한 첫 번째 기술은 멈춤이다. 잠시 멈춰서 심호흡을 하고, 나 자신에게 집중해서 반응하기보다 사려 깊은 태도로 상황에 대응할 수 있도록 노력한다. 이 단계가 가능하다면 나머지는 훨씬 더 쉬울 것이다!

아이들이 싸울 때 무슨 말을 해야 할까? 앞서 배운 세련된 의사소통 기술을 떠올려 보자. 명령, 위협, 판단, 혹은 다른 의사소통의 장애물을 쏟아 내기 전 무슨 일이 일어나고 있는지 파악해야 한다. '나 메시지'와 귀 기울여 듣기를 이용하자. 눈에 보이는 그대로를 인정하고 묘사하면 상황을 진정시킬 수 있다.

형제 갈등 다루기: 참고 노트

1 잠시 멈추고 호흡하며 스스로에게 집중한다. '나는 아이들을 돕고 있어.'라고 자신에게 말한다.

2 보는 그대로 말한다. 일어나고 있는 일을 인정하고 비판 없이 묘사한다.

3 아이들이 감정을 표현하고 원하는 바를 분명히 설명하도록 지도한다.

4 아이의 문제를 모두 해결할 필요는 없다는 사실을 기억하자.

이 내용을 메모지에 써서 집 안 곳곳에 붙여 두는 것도 좋은 방법이다.

아이들에게 갈등을 헤쳐 나가는 길을 알려 주며, 원하는 바에서 해결책을 찾도록 유도한다. 실제로 어떻게 적용될 수 있을까? 구체적인 예시는 다음과 같다.

"싸우지 마! 싸움을 못 멈추겠으면 둘 다 각자 방으로 들어가!" 대신 "고함이 엄청나네. 정말 화났구나? 그래도 동생을 때려서는 안 돼. 네 기분을 말하고 원하는 걸 이야기하는 건 어때?"라고 말하자.

"막대기는 안 돼! 위험해! 이리 줘!" 대신 "이런, 그 막대기는 조금 걱정이 되네. 테일러도 마찬가지인 것 같구나. 테일러도 그 막대기가 너무 가까이에 있다고 생각하잖아. 테일러에게서 멀리 떨어진 곳에서 휘두르든지 내려놓는 게 좋겠어."라고 말해 보자.

"네 동생을 찌르지 말라고 세 번이나 말했잖아. 됐어, 네 방으로 들어가!" 대신 "에이바, 동생 얼굴을 보렴. 찌르는 걸 좋아하지 않잖아. 그리고 실내에서 너무 큰 소리가 들리니까 근육이 긴장되는 느낌이 들어. 네 동생이 다치는 걸 보고 싶지 않아. 지금 원하는 게 뭐니?"라고 하자.

화난 아이가 한 명 이상일 때

모두가 동시에 부모를 필요로 할 때는 쉬운 해결책이라는 건 존재하지 않는다. 부모가 모든 문제를 해결하거나 모든 상처를 보듬어 줄 수는 없다. 하지만 노력하는 태도만으로도 장기적인 관점에서 본다면 아이가 다른 사람에게 공감하고 염려하는 사람이 될 수 있도록 모범을 보이는 길을 마련해 줄 수 있다.

계속해서 심호흡을 하고 침착함과 현실적 감각을 유지한다. 필요하다면 자신의 마음을 진정시킬 시간을 가져도 좋다. 복잡한 상황을 다루는 해결책 몇 가지를 다음과 같이 소개해 보겠다.

형제가 동시에 부모를 찾는다면 양쪽 모두 돌보려고 노력한다. 쉬운 일은 아니지만 가능할 수는 있다. 어떤 일이 일어나고 있는지 묘사한다. "너희 둘 다 화가 나 있고 상처받았구나! 이리 오렴. 내 품에는 여유가 많단다. 울고 싶은 만큼 맘껏 울어도 돼. 그런 다음에 이 문제를 해결하고 상황이 더 나아지도록 해 보자."

한 아이를 두고 다른 아이에게 가야 한다면 홀로 남을 아이에게 상황을 설명한다. 만약 한 아이가 몸에 상처를 입어서 즉시 응급처치를 해야 하지만 다른 아이는 감정적으로 상처를 받은 상황이면 어떻게 해야 할까. "루카스, 네가 상처를 받아서 엄마가 필요하다니 곧 갈게. 네 동생 무릎의 상처를 돌본 다음에 바로 너를 도와주러 갈 거야."

감정을 먼저 보살핀다. 감정이 고조되면 뇌의 학습 중추가 닫혀서 문제 해결이 더 어려워진다. 그러므로 문제를 즉시 해결하려고 시도하지는 말자. 감정을 표현하고 인정받고 나면 모두가 진정할 수 있다. 그런 다음 각자 그 순간 원하는 바를 이야기할 수 있도록 상황을 유도한다.

● 새로운 시작
: 갈등에서 친밀감을 끌어내기 위한 도구

부모가 아무리 능숙하고 현실에 기반을 두고 있다 해도 여전히 가족 내에서 갈등과 문제는 생겨난다. 마음챙김 명상, 사랑과 친절, 진심으로 듣기, '나 메시지' 등의 도구는 갈등의 빈도와 심각성을 크게 줄이겠지만 그래도 갈등과 문제는 여전히 존재할 것이다. 하지만 갈등의 순간을 현실적으로 여기고 취약성을 드러낼 기회로 이용한다면 오히려 가족은 더 가까워질 것이며 함께 상처를 보듬을 수 있게 될 것이다.

틱낫한과 함께 했던 수행에서 (아이와의 관계를 포함해서) 관계 회복을 위한 '새로운 시작'에 관한 체계를 배웠다. 그 수행에서는 자신과 과거의 행동, 말, 생각을 깊고 솔직하게 보는 법을 배운다. 우리는 이 순간을 자신을 위한 새로운 시작, 나와 타인의 관계에서의 새로운 시작으로 받아들인다.

'새로운 시작'은 세 가지, 즉 감사의 전달, 후회의 나눔, 상처와 어려움의 표현으로 구성된다. 직접 얼굴을 보고 실행할 수도 있고 아이가 글을 읽을 수 있다면 '새로운 시작'의 편지를 써도 좋다.

1부: 감사의 전달. 다른 사람의 강점과 도움을 빛나게 하고, 그의 긍정적 자질의 성장을 격려할 기회다. 감사했던 사람의 말이나 행동이 있다면 구체적인 예시를 들어도 좋다. 이 첫 번째 단계는 우리가 상대방의 멋진 부분을 바라본다는 사실을 알려 준다.

2부: 후회의 나눔. 미안한 마음을 가지고 있지만 사과할 기회가 없었던 예전의 서툰 행동이나 말, 생각에 대해 이야기할 기회다. 예를 들어, "너한테 이기적이라고 말했던 거 미안해. 내 잘못이야. 내 말이 네게 상처를 줬다는 걸 깨달았고 그렇게 말해선 안 되는 거였어."라고 말할 수 있다.

3부: 상처와 어려움의 표현. 이제 다른 사람이 한 행동이나 말로 받은 상처를 나눌 차례다. 이때 '나 메시지'를 이용하자. 그 사람을 공격하거나 비난하지 않는다. 차분하게 상처를 말하거나 기록하지만 과장하거나 나무라거나 비난하거나 필사적인 태도는 피한다. 마음에서 우러나는 대로 말하거나 기록하고, CHAPTER 6에서 다룬 의사소통의 장애물이 되는 말을 하는 것은 피하자.

'새로운 시작'의 편지 작성

사랑하는 누군가에게 '새로운 시작'의 편지나 이메일을 보낸다. 그리고 다이어리에 그 경험을 기록한다. 상대방의 반응은 어땠는가? 편지를 보내서 관계가 더 가까워졌는가?

메모: 상처받았거나 어려웠던 일을 구체적으로 떠올리기 어렵다면 '새로운 시작'의 처음 두 단계(감사와 후회)만 써도 좋다.

'새로운 시작'은 기존의 서툴던 언어에 의지하는 대신 더 세련되게 의사소통할 체계를 제공한다. 목적은 관계의 재정립에 있다. 부모가 아이와 더 강력한 유대를 형성하면 그에 비례해서 부모의 영향력이 커진다.

또한 '새로운 시작'을 삶의 다양한 관계에 적용해 보자. 나는 양가 부모님께 '새로운 시작'의 편지를 보냈고 그 결과 더 친밀하고 돈독한 관계를 맺을 수 있었다. 내 의뢰인 중 한 명은 직장 상사에게 '새로운 시작'을 시도했고, 이후 직장생활은 엄청난 변화를 맞게 되었다. 모든 관계에서 이 강력한 도구를 활용해 보자.

03

영향력의 힘

힘으로 아이를 다루는 방법에서 멀어지기 시작하면 부모의 영향력이 점점 커지는데, 여러분은 아이가 성장하면서 이 사실에 더욱 감사하게 될 것이다. 나는 청소년의 반항은 부모를 상대로 하는 것이 아니라 부모가 아이에게 적용하는 세련되지 못하거나 엄격한 규율에 대한 반항이라고 생각한다. 어린 시절에 품었던 저항과 분노는 10대에 들어서면서 커진 독립성을 기반으로 점점 자라나고, 결국 아이는 부모의 권위주의적인 방식에 반항하게 되는 것이다.

하지만 **부모가 힘의 사용을 제한하고 영향력을 늘리면 아이는**

부모를 더 신뢰하며 부모의 의견을 더 열린 마음으로 받아들인다. 그러면 부모와 아이는 더 튼튼하고 가까우며 협조적인 관계를 이루게 된다. 이 모든 결과는 아이의 어린 시절 내내 불가피하게 생기는 갈등을 어떻게 다루는지에 달려 있다.

부모와 아이가 힘을 합쳐서 문제를 해결하고, 각자의 니즈를 인정하면 갈등이 있고 난 뒤 더 가까운 관계가 된다. 해결되지 않은 갈등은 시간이 지나면서 곪아 관계에 치명적인 독이 되고 만다. 갈등을 다루지 않으면 아이는 종종 오래된 상처를 마음속으로 키우고 부모의 의도를 왜곡한다. 부모와 아이가 사랑 가득하며 비판적이지 않은 방법으로 서로 간에 일어난 일을 이야기할 수 있을 때 아이는 부모가 자신을 보고, 듣고 있으며 자신의 니즈가 진지하게 받아들여진다는 사실을 느낀다. 부모에 대해 아이가 품는 신뢰는 시간이 지남에 따라 점점 더 커진다. 아이는 듣는 법을 배우고 부모의 니즈에도 공감할 수 있게 된다.

그러나 일이 항상 잘 풀리는 것은 아니지 않은가. 때로는 자신도 모르게 아이에게 부모의 권력을 남용하고 있다는 사실을 깨달을 것이다. 부모의 권력을 이용하는 방법이 더 세련된 선택이 되는 경우가 있을지도 모른다. 하지만 힘을 덜 쓸수록, 니즈 충족의 측면에서 문제에 접근할수록 부모와 아이 사이의 관계는 더 튼튼해지고, 부모의 영향력도 커질 것이다.

우리 아이들은 격동의 10대를 지나는 사이에 부모의 영향력이 필요하다. 독립을 향해 나아가는 동안 삶이 불확실하게 느껴질 때 아이는 자신의 편에 서서 조언을 해 주고, 멘토 역할을 해 줄 부모를 필요로 한다. CHAPTER 7에서 제시한 도구들은 아이와의 관계를 해치지 않으면서 더 숙련된 방법으로 문제를 해결하도록 도와줄 것이며, 그 결과 아이가 가장 절실히 부모가 필요하다고 느끼는 순간에 대화의 길을 여는 데 도움이 될 것이다.

이 접근법의 기초는 현재를 바탕으로 하는 관점을 유지해 아이를 돕겠다는 부모의 의사에 달려 있다. 어려운 순간에 즉각적으로 반응하지 말자. 잠시 멈추고, 현재에 집중해, 숙련되고 공감 어린 반응을 할 기회를 스스로에게 제공해야 한다. 아이가 충족하려는 니즈는 무엇인가? 부모의 니즈는 무엇인가?

이런 관점으로 전환하면 갈등 상황에서도 자유로워질 수 있다. 윈윈 문제 해결법을 이용하면 부모는 아이를 위한답시고 판사와 배심원이 되지 않아도 된다. 항상 모든 답을 찾아낼 필요도 없다. 대신 사람 대 사람의 관계로 아이를 대할 수 있다. 부모는 자신의 니즈를 충족하고, 아이의 니즈를 충족하도록 도울 수도 있다. 다음 CHAPTER에서는 더 평화로운 가정을 만드는 다양한 도구를 공유할 예정이다.

이번 주의 실천 과제 ∶∶

✓ 일주일에 4일에서 6일, 5분에서 10분간 좌식 명상 혹은 바디 스캔 명상하기

✓ 일주일에 4일에서 6일, 사랑과 친절 연습하기

✓ 윈윈 문제 해결법 연습하기

✓ '새로운 시작'의 편지 작성

"아이에게 줄 수 있는 가장 위대한 선물은
책임이라는 뿌리와 독립이라는 날개다."
— 데니스 웨이틀리Denis Waitley

평화로운 가정 만들기

나는 매일 딸들이 학교 버스에서 내릴 때마다 마중을 나가려고 애쓴다. '그
곳에 있는 행동'을 통해 최대한 온전히 현재에 집중하고, 그날의 걱정을 떨
쳐 버리고, 나에게 집중하며 침착해지려고 노력한다. 딸들을 꼭 껴안으며
"널 만나서 정말 행복해!"라고 말한다. 그게 내 진심이다. 나는 딸들이 내 세
상을 빛나게 하며, 나 역시 언제나 딸들과 함께라는 사실을 전하고 싶다. 하
교 후 버스정류장 근처에서 친구들과 잠시 시간을 보낸 다음 우리는 함께
걸어서 집으로 돌아온다. 아이들과 내 관계의 힘은 이런 작은 순간과 하루
하루를 구성하는 리듬과 반복되는 일상에 있다는 것을 잘 알고 있다.

지금까지 살펴본 대로 사려 깊은 육아는 결과를 만드는 기술이 아니라,
인생을 살아가면서 사랑이 가득한 관계를 만드는 과정이다. 아이와 부모 사
이의 끈끈한 관계는 자발적인 협력을 이끌어 낼 유일한 방법이다. 아이들은
부모가 사랑과 공감, 존중이 가득한 태도로 자신을 대할 때, 스트레스가 지
나치게 높지 않을 때 우리를 기쁘게 해 주고 싶어 한다.

그렇다면 어떻게 아이와 강한 유대를 키우면서 균형을 유지할 수 있을
까? 지금까지 배운 기술, 즉 마음챙김 명상과 자극 요인 없애기, 사랑과 친
절, 진심으로 듣기, '나 메시지', 진심 어린 문제 해결법 등은 강한 유대관계
의 로드맵을 구성하는 요소가 된다. 마지막 CHAPTER에서는 아이와의 관
계를 더 튼튼히 다지고, 평화로운 가정을 유지할 또 다른 습관들을 공유하
고자 한다.

의식적으로
연결을 강화하기

부모와 아이의 친밀한 관계는 우리를 하나로 묶는 접착제이자 아이를 좋은 사람으로 기르는 토대다. 바로 그런 까닭에 지금까지 거쳐 온 모든 과정에서 우리가 현실에 기반을 두는 데 마음챙김과 자기 연민이 가장 먼저 필요한 요소이며, 그 결과 부모와 아이가 이어져 사랑을 보여 줄 수 있다고 설명했다.

아이는 부모의 무조건적인 사랑을 더 크게 경험할수록 자신이 안전하며 편안하다고 느낀다. 아이는 부모의 눈에서 사랑을 느낄 때 스스로가 더 가치 있다고 느끼며 자신을, 부모를, 나아가 가족을 더 소중히 여긴다. 아이는 부모의 신뢰를 느낄 때 부모를 더 신뢰하게 된다.

이 모든 사랑은 긍정적인 피드백의 고리를 형성해서 시간이 지날수록 육아가 더 편안해지게 만든다. 지금까지 살펴본 도구를 이용하는 방법뿐 아니라, 사랑 가득한 관계를 형성하려면 시간과 관심을 의식적으로 기울여야 하며 그래야 튼튼한 관계를 이룰 수 있음을 강조하고 싶다.

● 신체 접촉을 통한 연결

최근 여덟 살 딸이 내게 화를 낸 적이 있었다. 하지만 주변에는 아무도 위로해 줄 사람이 없었다. 아이는 울고 있었다. 가까이 가자 아이는 "저리 가!"라고 소리쳤다. 아이의 뒤에 앉아서 부드럽게 등을 쓰다듬어 주었다. 아이는 내게 화가 난 상태였지만 애정 어린 손길에 위로를 얻었고, 나중에는 내 무릎에 앉았다. 다정한 접촉으로 안정을 찾고 감정을 조절할 수 있게 된 것이다.

누군가의 손길을 느끼고 누군가에게 내 손길을 전하는 행동은 인간이 행하는 상호작용의 가장 기본적인 방식이다. 긍정적인 신체 접촉은 애정과 관심, 걱정을 표현하는 강력한 도구다. 포옹과 키스, 손길은 아이에게 부모의 존재를 확인시켜 주고, 스트레스 반응을 줄이며, 아이가 감정을 조절하는 데 도움을 준다.

그렇다면 부모는 아이에게 사랑의 손길을 얼마만큼이나 전해야 할까? '가족 치료의 어머니'로 불리는 버지니아 사티어Virginia Satir는 "생존을 위해서는 하루에 네 번의 포옹이 필요하다. 계속 살아가기 위해서는 하루에 여덟 번의 포옹이 필요하다. 그리고 성장을 위해서는 하루에 열두 번이 포옹이 필요하다."라는 명언을 남겼다. 가능한 한 자주 아이와 포옹하자. 아이가 어릴 때 습관처럼 자주 포옹하고 접촉하면 나이가 들어서도 부모와 가까이 있길 원할 것이다. 지금은 열한 살이 된 큰딸과 손을 잡는 일은 예전보다 드물어지긴 했지만 지금도 큰딸은 친밀한 스킨십을 하기 위해 내게 자주 기댄다.

포옹은 아이가 잘 자라도록 돕는 신체 접촉 중 가장 중요하고 필수적인 형태지만 거칠게 몸으로 놀아 주는 행동도 아이에게 매우 좋다는 사실을 알고 있는가? 심리학자이자 놀이 전문가인 로렌스 코헨Laurence Cohen은 공격적이고 육체적인 놀이는 아이가 자신의 감정을 표현하고 충동 조절을 배우며 자신감을 키우는 데 도움이 된다고 말한다.

아이와 어떻게 놀아 줘야 할까? 2001년 출간된 《놀아 주는 육아Playful Parenting》에서 코헨은 단순히 "씨름하자!"라고 말하는 것만으로도 충분하다고 설명한다. 아이가 "어떻게 하는 거예요?"라고 물으면 "네가 나를 쓰러뜨려서 내 양쪽 어깨가 바닥에 닿게 만들거나 힘으로 눌러서 소파에 앉히는 거야. 놀래키는 방법을 빼고 온 힘을 다해서 나를 쓰러뜨리면 돼."라고 설명한다.

몸으로 놀아 주면 아이는 적극적인 방법으로 부모와 신체적 연결 고리를 맺을 수 있으며 에너지를 발산할 수도 있다. 또한 아이의 신체 힘과 창의력이 발달하고 육체적·정서적 연결 고리가 강화된다. 단, 몸으로 놀아 줄 때는 주의를 기울이고, 아이가 승리하도록 배려하며, 누군가 다치면 즉시 놀이를 중단한다는 원칙을 꼭 기억해야 한다. 간지럽히기와 마찬가지로 아이가 그만하자고 말하면 즉시 멈추는 것도 잊지 말자. 이렇게 원칙을 세운 채 놀아 주면 아이는 자신의 몸이 존중받을 가치가 있다고 느끼며 자기 몸을 스스로 책임지는 방법을 배운다.

몸싸움이든 안아 주기든 의도적으로 아이와 몸을 이용한 연결 고리를 강화하자. 다정한 손길은 아이에게 안정감을 주고, 아이가 자신의 감정을 조절하는 데 도움을 준다. 부모와 아이의 관계를 견고히 하는 데에도 매우 좋은 방법이다.

● 놀이를 통한 관계

우리 바쁜 어른들은(나를 포함해서) 거실 바닥에 쓰러져서 아이들과 노는 일을 힘들어한다. 그냥 애들끼리 놀면 안 될까? 아이와 몸으로 놀아 주는 일을 생각만 해도 몸서리가 쳐진다. 물론 아이들은 당연히 혼자 놀 수 있고 놀아야 하지만 어른들 역시 아이들의 세상에 끼어들 수 있어야 한다. 놀이는 어린아이들에게 화폐와 마찬가지다. 아이들에게 공기와 물이 필요한 것처럼 놀이도 필요하다. 놀이를 하면서 아이들은 세상을 이해하고 상처를 치유하며 자신감을 기른다. 아이와 놀이를 통해 연결되면 아이의 컵을 사랑과 용기, 열정으로 가득 채워 줄 수 있다. 게다가 우리 어른들도 문자 그대로, 그리고 은유적으로 긴장을 풀 수 있다. 어른들도 긴장을 풀어야 하지 않는가?

아이와의 놀이는 부담스럽거나 오랜 시간을 투자해야 하는 일이 아니다. 사실 아이들은 잠깐 놀고 난 뒤에도 금세 다른 일에 몰두할 수 있다. 10분 정도의 짧은 시간이라도 온 힘을 다해 진심으로 놀아 주자. 이 시간을 '놀이 명상'이라고 생각하면서 온전히 현재에 집중하고, 정신이 산만해지거나 판단하려고 들지 않았나 생각해 본다. 따뜻한 마음과 호기심을 지닌 채 아이에게 집중하도록 노력하자. 놀이는 오늘 아이가 어떤 모습인지 확인할 멋진 기회를 제공한다. 내 아이에게서 새로운 사람을 발견하는 것이다.

어떻게 노는지 기억이 나지 않는가? 그저 아이가 이끄는 대로 따르기만 하면 된다. 아이는 자신에게 힘이 없다고 믿는 세상에 산다. 놀이를 통해 일시적으로나마 아이가 갈망하는 힘, 주도권을 주자. 부모의 역할은 아주 작을지 모른다. 부모는 아이가 주인공인 짧은 연극의 관객이 될 수도 있다. 아이가 달을 향해 떠날 때 손을 흔들면 감격의 눈물을 흘리는 척을 해야 할지도 모른다. 아니면 바보 같은 행동을 해서 아이의 웃음을 유발하며 놀아 줘도 좋다. 우스꽝스럽게 행동하거나 넘어지는 척하는 모습만으로도 아이는 즐거워한다. 여러 가지 방법으로 아이에게 '특별한 시간'을 선물할 수 있다.

어떤 놀이를 하든 현재에 온전히 집중하고, 이 시간에 감사하는 마음을 갖자. 아이가 자라고 독립성이 커지는 동안 시간이 훌쩍 지나간다는 사실을 기억하자.

실 천 과 제

'특별한 시간' 선물하기

'특별한 시간'은 아이가 간절히 원하는 것을 부모가 선물하는 방법이다. 어떤 방해도 없이 온전히 아이와의 놀이에 집중하자. 아이가 주도하고 부모는 (아이의 안전히 보장되는 한) 아이가 원하는 바에 모두 동의하는 게 원칙이다. 이 원칙대로 자주 놀아 주는 부모는 아이의 행동이 엄청나게 긍정적으로 변화하는 경험을 하는 경우가 많다. 왜 그럴까? '특별한 시간' 즉, 놀이는 부모와 아이 사이의 연결 고리를 강화하기 때문이다. 방법은 다음과 같다.

1 '특별한 시간'을 알린다: 아이에게 "지금부터 10분 동안 네가 원하는 놀이를 같이 할까? 동영상을 보는 것 말고는 전부 할 수 있어. 무슨 놀이를 할까?"라고 이야기한다.

2 타이머를 설정한다: 10분이면 좋겠지만 5분만으로도 충분하다. 혹시 가능하다면 20분 정도 놀이를 시도해 보고 어땠는지 확인한다. '특별한 시간'에는 평소와 다른 규칙이 적용된다는 사실을 알릴 수 있는 일종의 경계 장치가 필요하다.

3 아이에게 주도권을 준다: '특별한 시간'을 보내는 동안 신중함, 취향, 걱정, 판단 등은 잠시 제쳐 두고 아이에게 기회를 준다. 부모가 평소에는 절대 하지 않을 행동이라도 아이가 주도하면 따르자. 어쩌면 아이가 스케이트보드 위에 서서 자신이 바닥으로 떨어질 때까지 계속 밀었다 당기기를 반복해 달라고 할 수도 있다. 스케이트보드를 어떻게 타는지 '가르치고 싶은 유혹'이 생기더라도 뿌리치고, 운동이라고 생각하면서 아이가 원하는 재미를 선물한다.

4 아이를 판단하거나 평가하려는 충동을 자제한다: 아이가 요청할 때까지 부모가 주도권을 잡거나 아이디어를 제안하지 말자.

5 휴대폰을 확인하고 싶은 유혹을 떨쳐 낸다: 온전히 현재의 순간에 집중하며, 부모가 보고 있고 인정하고 있다는 느낌을 아이에게 선물하자. 최선을 다해 현재에 집중한다.

6 타이머가 울리면 '특별한 시간'을 마무리한다: 아이가 떼를 쓰거나 화를 내면 다른 언짢은 감정을 대할 때처럼 공감하며 들어 준다.

'특별한 시간'은 부모와 아이의 친밀한 관계라는 은행 계좌에 꼭 필요한 예금을 쌓는 방법이다. 하루에 한 번 '특별한 시간'을 보내는 것도 좋고 일주일에 몇 번 반복해도 좋다. 일단 시도해 보고 아이의 반응을 살핀다.

● 함께 하면서 관계 맺기

아이는 어른이 하는 모든 것을 따라 하고 싶어 한다. 아이를 북돋아 주자! 아이는 일상생활에서 어른과 같이 일할 수 있고, 일해야 한다. 먼저 튼튼한 의자를 부엌에 두고 감자를 씻거나 당근 껍질을 벗길 때 아이에게 도움을 청하자. 아이가 아주 어리면 무언가 쏟은 자국을 닦을 수도 있고, 냅킨을 놓거나 고양이에게 먹이를 줄 수도 있다. 아이가 자라면 책임감도 같이 자란다. 아이는 집안일이 원만하게 진행되도록 부모를 도우면서 자신의 능력을 스스로 입증하는데, 이는 아이의 성장에 매우 큰 힘이 된다. 아이를 가족이라는 팀의 구성원으로 인정해 주자.

연구 결과에 따르면 집안일을 돕는 아이는 사회에 나갔을 때 성공할 확률이 더 높았다. 미네소타대학교의 가정교육학과 메릴린 로스먼Marilynn Rossman 교수는 '성공적인 삶'을 정의하기 위해 종적 연구 자료를 분석했다.

여기서 정의하는 성공은 약물을 사용하지 않으며, 주변인과 좋은 관계를 유지하고, 교육 과정을 마쳤으며, 직장생활을 하는 삶이었다. 로스먼 교수는 가장 성공적인 아이는 세 살에서 네 살 사이에 집안일을 돕기 시작했으며, 10대가 되어 집안일을 시작한 아이들은 덜 성공적인 삶을 살고 있다는 결론을 내렸다.

정신과 의사인 에드워드 할로웰Edward Hallowell 박사도 집안일은 아이들에게 '할 수 있고, 하고 싶다.'라는 감정을 유발해서 할 수 있다는 자신감을 느끼도록 만든다고 설명했다. [15]

평생 이어지는 자신감과 책임감은 부모가 아이와 함께 집안일을 하는 시간이 쌓이며 형성되기 시작한다. 아이가 집 안에서 자신의 역할을 할 수 있도록 하자. 아이에게 빨래와 침대 정리를 가르치는 일은 삶의 기술을 가르치는 일과 같다는 사실을 기억해야한다.

---

15) 《헬리콥터 부모가 자녀를 망친다》, 줄리 리스콧 해임스Julie Lythcott-Haims, 두레, 2017(원제: 《How to Raise an Adult: Break Free of the Overparenting Trap and Prepare Your Kid for Success》, 2015)

● 말로 하는 격려를 통해 관계 맺기

긍정적인 격려의 말로 부모는 자신이 아이를 믿고 있으며, 아이의 편에 서 있다는 사실을 알릴 수 있다. 비판하는 부모의 말을 듣고 자라는 대신 격려와 지지의 말을 듣고 자란 아이는 스스로 동기를 부여하고 긍정적인 행동을 더 많이 한다.

"잘했어." 대신 '나 메시지'를 활용해 묘사하는 표현으로 솔직하게 아이를 칭찬하자. 애매하고 일반적인 표현 대신 구체적으로 "자전거가 무서웠을 텐데 한 번 더 시도하다니 용기 있는 모습에 나는 정말 감탄했단다."라고 표현한다. 격려의 말로 아이와 친밀한 관계를 형성하려고 할 때 다음과 같은 표현들을 쓸 수 있다.

"다정하게 대해 줘서 고마워."

"그렇게 열심히 노력하다니 정말 대단하네."

"네가 한 행동은 정말 마음이 넓고 너그럽구나."

"이런 까다로운 일을 처리하면서 엄청난 힘을 보여 줬어."

"너의 그 비판적인 감각은 대단해!"

"상상력이 엄청나네!"

"장난치는 일이 얼마나 재미있는지 기억나게 해 줘서 고마워."

따뜻하고 긍정적인 연결 고리는 부모와 아이의 협조적인 관계를 맺는 원동력이다. 부모가 아이와 의도적·의식적으로 친밀한 관계를 맺으면 관계의 은행 계좌에 예금을 넣는 일과 마찬가지로, 미래의 불가피한 인출에도 대비를 할 수 있다.

긍정적인 신체 접촉, 놀이, 함께 일하기, 칭찬은 아이와의 연결 고리를 형성하는 수많은 방법 중 일부에 불과하다. 중요한 건 부모가 자신을 보고, 듣고, 사랑한다는 사실을 아이가 늘 확인할 수 있게 해 주는 것이다. 아이가 그렇게 느끼면 살면서 불가피하게 맞닥뜨리는 힘든 시간을 지나면서도 부모와 아이의 관계가 더 견고해질 것이다.

02

효과적인 육아 습관

아이들은 조건 없는 사랑과 현명한 조언, 건전한 경계가 필요하다. 부모가 마음챙김, 능숙한 의사소통, 긍정적 관계를 추구하면 경계를 설정하기가 더 수월해지지만 그렇다고 해서 아주 쉬운 일이 되는 건 아니다. 이때 책임감을 기르는 습관, 일관성과 더불어 독립심을 기른다면 육아가 더 쉬워질 수 있다.

● 재미보다 책임감

　건전한 경계를 정한다는 말은 아이의 야생적 본능을 (억누르는 것이 아니라) 조절하고 어떻게 하면 (궁극적으로) 좋은 어른으로 자랄 수 있는지 조언한다는 뜻이다. 기존의 위협과 체벌 방식을 피하려는 노력으로 인해 지나치게 다른 방향을 추구하면 충분하고 튼튼한 한계를 설정하지 못할 수도 있다. 아이가 경계선에 있을 때 부모는 온화하게 지속적으로 보듬어 줘서 아이가 다른 이의 니즈를 함부로 대하는 사람이 되지 않도록 도와야 한다.

　따라서 아이가 책임을 다하고 난 다음에 재미를 추구하도록 알려 주는 일이 중요하다. 나는 딸들이 방과 후에 가방을 정리하고, 고양이 먹이를 주고, 식기세척기와 식탁 정리를 끝내고 난 다음에 영상을 보는 시간을 보내도록 정해 두었다. 아이가 식사를 마치고 식탁 정리를 끝낸 뒤 디저트를 먹을 수 있게 하는 것도 방법이 될 수 있다. 어떤 방식으로든 아이가 권리를 누리기 전에 책임을 다하는 원칙을 세우면 양육이 훨씬 수월해질 것이다.

　이런 접근 방식을 "…을 하지 않으면 …는 없어."와 같이 위협의 수단으로 이용하지는 말자. 대신 "먼저 …을 마친 다음(책임), …을 하자(재미)."라고 표현한다.

　책임을 앞세우는 가정 문화를 형성하는 일은 자연스러운 결론에 도달하는 일이다. 특권을 빼앗겠다는 위협이 아니다. 아이가 자신의 할 일을 마치지 못해서 재미있는 일을 놓치더라도 침착함을 유지하고, 반응적으로 행동하지 말자. 부모의 문제가 아니기 때문이다. 아이의 감정에 공감하는 반응을 보여 주면서도 경계를 유지하자.

● 일관성과 리듬

아이와 함께하는 삶은 매일, 그리고 매주 일관된 패턴을 유지할 때 훨씬 더 쉬워진다. 아이의 삶 중 상당 부분은 자신의 통제에서 벗어나므로 아이가 안정된 리듬에 맞게 방향을 잡는 게 큰 도움이 된다. 아이가 나날이 무엇을 기대하면 되는지 파악하고 있다면 각각의 단계에서 반감을 보일 확률이 훨씬 줄어든다.

일상의 리듬

일관성 있게 일찍 잠자리에 드는 습관으로 아이의 일상에 규칙성을 부여하자. 아이들은 많이 자야 한다. 수면 시간이 부족하면 아이들은 짜증을 부리고 쉽게 발끈하며 비협조적인 태도를 보이고 더 자주 아프다. 수면 부족은 성장을 저해하기도 한다.

그렇다면 아이의 수면 시간이 충분한지 어떻게 알 수 있을까? 아주 간단한 방법으로 아이의 적정 수면 시간을 파악할 수 있다.

아이가 알람 없이 스스로 기분 좋게 일어나면 충분히 자고 일어났다는 신호다.

유아는 낮잠 시간을 최대한 길게 잡는다. 낮잠에서 졸업한 아이여도 에너지를 회복하도록 조용하게 쉴 수 있는 혼자만의 시간을 갖는다면 아이에게 (그리고 부모에게) 도움이 된다. 낮잠을 안 자더라도 혼자 방에서 조용한 시간을 보내면 좋다.

나는 딸들이 학교에 입학하기 전에는 거의 매일 YMCA에 데리고 갔다. 내가 오전 운동을 하는 동안 아이들은 보육시설에서 시간을 보냈다. 운동도 하고, 집에서 벗어나는 시간을 갖고 싶은 나의 니즈와 사회성을 기를 기회가 필요한 아이들의 니즈가 한꺼번에 충족될 수 있었다. 그 일상은 전업주부였던 내가 삶을 지탱하는 데 힘이 되어 주었다.

규칙적으로 어떤 일을 하고 있는가? 우리의 일상은 일과 학교, 아이를 돌보는 일 등으로 채워질 것이다. 나만의 규칙을 세워서 아이와 함께하는 삶이 더 편안해질 수 있도록 만들자. 아직 나만의 안정적인 리듬이 없다면 다음 페이지에서 소개하는 실천 과제를 연습하며 만들어 보자.

일관성 있는 일상의 리듬 만들기

일관된 수면 시간과 더불어 매일 반복되는 일상을 통해 아이들은 자라난다. 매일의 일관성을 세우는 방법은 다음과 같다.

1 모든 일상 업무를 목록으로 작성한다: 매일 해야 할 일을 모두 모은다. 이 목록을 어떻게 정리해야 하는지는 걱정하지 말자. 이는 브레인 덤프brain dump, 즉 머릿속으로 생각하고 있는 모든 내용을 꺼내서 글로 써 보는 과정이지, 해야 할 일의 목록이 아니기 때문이다. 다이어리에 매일 하는 일 (과 해야 하지만 실천하지 못하는 일)을 모두 기록하자. 하루 동안 해야 할 일의 목록을 전부 모아서 휴대폰으로 사진을 찍어 두어도 좋다.

반복되는 일상 업무 목록이 이미 있으면 그 목록을 다음과 같이 분류한다.
· 나에게 잘 맞으며 이미 끝낸 과제
· 일상 업무 목록에 더해야 할 과제

처음 목록을 작성하는 중이면 먼저 다음의 질문에 답한다.
· 집 밖으로 나가려면 매일 어떤 일을 끝내야 하는가?
· 아이를 돌보려면 매일 어떤 일을 해야 하는가?
· 식사를 하려면 매일 어떤 일을 끝내야 하는가?
· 매일 어떤 집안일을 끝내야 하는가?
· 언제 짧은 명상 시간을 갖고 싶은가?

· 운동을 하려면 어떤 일을 끝내야 하는가?

· 정돈된 집 안을 유지하려면 어떤 일을 끝내야 하는가?

목록을 만들자. 사소한 일은 하나도 없다. '양치하기'를 목록에 넣고 싶으면 그것도 좋다. 원하는 내용을 모두 작성하고 나중에 수정하면 된다.

2 일정표를 만든다: 부모의 에너지 수준을 평가한다. 언제 최고의 성과를 낼 수 있는지 생각해 보자. 대부분의 사람들은 오전에 에너지가 가장 크다. 에너지가 가장 많이 드는 일을 오전에 배치하자. 일정표를 리듬, 즉 엄격한 일상이 아니라 하루를 구성하는 지침서라고 생각하자. 다이어리에 각각의 시간에 가장 잘 맞는 일을 기록한다.

· 오전 　　　　　· 오후 　　　　　· 저녁

3 새로운 일상의 리듬을 만들고 유연성을 추가한다: 일상의 리듬을 만들 때는 하루 중 가장 생산적인 시간에 힘든 일을 배치하고, 생산성이 가장 낮은 시간에 단조로운 일을 배치한다. 중심이 되는 업무와 활동의 조화를 유지하자. 즉, 아이를 데리러 가는 시간이나 점심시간과 같은 특정 시간에 해야 할 일부터 정리한다. 그런 다음 가장 적합하다고 생각되는 시간에 맞는 일을 배치한다.

4 새로운 일상을 시험해 본다: 몇 주 동안 새로운 일상을 시험해 보자. 결과가 어떤가? 업무와 활동이 알맞은 시간에 배치되어 있는가? 약간의 변화가 필요한가? 알맞지 않은 항목이 있다면 조정해 보자. 일상의 리듬을 평가하고 새로운 일상이 효과가 있는지 살펴본다.

주간 리듬

매일의 리듬뿐 아니라 매주의 리듬에도 순서, 일관성, 흐름을 정해 가족의 삶에 도움이 되도록 만들 수 있다. 내 경우에는 '영상을 보지 않는 일요일'을 지정했다. 독실한 종교적 신념을 가진 사람이 아니더라도 매주 안식일을 가질 수 있다. 안식일에 자연에서 시간을 보내거나 가족과 시간을 갖는 습관은 좋은 아이디어다.

우리 가족은 킴 페인Kim Payne의 저서 《MOM 맘이 편해졌습니다》 (골든어페어, 2020, (원제: 《Simplicity Parenting》, 2009)에서 '예측 가능한 저녁 식사의 리듬'이라는 훌륭한 아이디어를 얻었다. 우리는 일요일엔 채식, 월요일엔 피자, 화요일엔 파스타, 수요일엔 수프, 목요일엔 쌀밥, 금요일엔 생선을 먹는데 토요일 메뉴는 정해 두지 않는다. 이 리듬을 유지하면서 아이들은 그날이 무슨 요일인지 파악하고 메뉴에 대한 거부감을 줄일 수 있게 되었다. 또한 정해진 리듬을 벗어나 외식하는 토요일 저녁 식사 시간을 특별한 행사로 만들 수 있었다.

한 주의 리듬은 학교 시간표나 수업 또는 빨래나 청소, 정기적인 등산이나 휴식 시간과 같이 아이들과 함께할 수 있는 시간에 따라 만든다. 매주 여러분의 가정에는 어떤 일이 있는가? 어떻게 하면 한 주에 리듬감을 더할 수 있을까?

● 아이가 독립성을 기르도록 돕자

대학원을 다니면서 나는 몬테소리 교육을 접하게 되었다. 획기적인 교육자였던 마리아 몬테소리Maria Montessori 박사는 성인이 적절한 환경을 조성하면, 배우고 독립적인 존재가 되고자 하는 아이의 내재된 욕구를 이용할 수 있다는 점을 깨달았다. 요즘도 몬테소리 교실에 가면 두 살밖에 안 된 아이들이 적극적으로 '참여'하고 온전히 자기 일에 몰두하는 모습을 볼 수 있다. 그 아이들이 독립적이고 부지런할 수 있는 이유는 무엇일까?

우선 모든 것이 아이들의 수준에 맞춰져 있다. 의자, 세면기, 옷걸이는 물론이고 심지어 빗자루와 걸레까지 작다! 환경은 단순하고 정돈되어 있으며 움직일 공간이 충분하고 모든 것들이 제자리에 위치해 있다. 그리고 아이들에게 일종의 힘이 주어진다. 아이들은 작은 범위 내에서 제 일을 선택할 수 있다.

이 방법을 어떻게 가정에 적용할 수 있을지 궁금할 것이다. 우리집을 예로 들겠다. 내 딸은 두 살 때 몬테소리 교실에 가기 시작하면서 스크램블드에그 만드는 법을 배웠다. 나는 그때 내 생각보다 아이가 훨씬 더 유능하다는 사실을 깨달았다. 아이들은 아주 어린 나이에도 우리의 생각보다 더 잘할 수 있으며 더 잘하고 싶어 한다. 그러니 가정에서도 아이에게 더 많은 힘과 독립성을 주는 환경을 만들어 주면 된다.

여러분이 1미터도 채 안 되는 키로 집 안을 돌아다닌다고 상상해 보자. 직접 물을 마실 수 있을까? 청소를 하기 위해 휴지를 집을 수 있을까? 외투를 직접 걸 수 있을까? 대부분은 아닐 것이다. 키 큰 사람들의 세상에 사는 키 작은 사람이 혼자서 모든 일을 해내기는 불가능하다. 집 안을 둘러보고 아이들이 '스스로' 하고 싶은 욕구를 충족시키도록 환경을 바꿔 보자.

· 아이가 외투를 걸 수 있도록 아이의 키에 맞는 위치에 옷걸이를 설치한다.
· 작은 스테인리스 물통과 튼튼한 컵을 준비해서 아이가 혼자 물을 마실 수 있도록 한다.
· 아이의 손이 닿는 위치에 청소 도구나 걸레를 둔다.
· 아이가 쓸 수 있는 튼튼하고 낮은 의자를 준비한다.

아이가 실제로 사용할 수 있는 도구를 최대한 많이 배치한다. 내 딸들은 어릴 때 양손으로 잡을 수 있는 물결 모양의 스테인리스 커터로 채소 자르는 일을 도와 주곤 했다. 그리고 식초를 섞은 물로 만든 천연 세제를 분무기에 담아서 창문과 식탁 닦는 일을 도와주기도 했다.

아이가 일찍 독립심을 기를 수 있도록 환경을 조성해 주면 아이의 능력과 도움에 건전한 기대를 할 수 있게 된다. 아이에게 물 한 잔까지 떠다 주느라 뛰어다니는 노예가 되지 않아도 되고 말이다. 목이 마를 때 스스로 물을 따라 마시게 하면 아이는 더 자립적이고 자신감 넘치는 사람으로 성장한다. 아이의 도움을 받으려면 처음에는 도움을 받기 전보다 오히려 시간이 더 많이 걸리겠지만 몇 번 경험하고 나면, 그리고 장기적 관점에서 보면 점점 더 쉬워질 것이다. 충분히 그 가치를 발휘하는 투자다.

03

평화로운 가정을 위해
단순화해야 하는 것

마음챙김 양육의 가장 큰 과제는 과잉의 문제에 달렸다. 우리는 모두 꽉 찬 일정표와 지나치게 많은 물건이 주는 스트레스와 씨름하고 있다. 하지만 서서히 뜨거워져서 결국 끓고야 마는 물 속에 든 개구리 이야기처럼 감당하기 힘든 순간에 이를 때까지 문제를 인식하지 못하는 경우가 대부분이다. 우리를 둘러싼 상업적인 문화가 행복을 얻으려면 빨리빨리 서둘러야 하고, 끊임없이 광고 속의 물건을 사야 한다고 소리치지만 지나치게 많은 당분이 몸을 병들게 하듯 지나치게 많은 물건과 꽉 찬 일정은 스트레스를 주고 불안하게 만들며 우리가 이미 충분히 가지고 있다는 사실을 잊게 만든다.

바쁜 어른들의 생활 방식에 아직 적응하지 못한 아이들은 스트레스를 느끼고 예측할 수 없는 방식으로 반응한다. 이미 알고 있겠지만 아이들은 어른보다 훨씬 느린 속도로 움직이며 매 순간에 몰입하고 세상을 깊이 탐구한다. 지나치게 많은 활동은 아이가 세상을 보고, 만지고, 냄새 맡고, 들을 시간을 모두 앗아간다. 또한 아이들이 세상을 탐색하고 자신을 알아갈 여유를 잃게 만든다.

나는 여러분이 아이를 위해 (그리고 여러분의 정신 건강을 위해) '다다익선 문화'에 반기를 드는 움직임에 동참해 주기를 바란다. 주변을 간소하게 정돈해 우리 아이들의 타고난 안전과 평화로움과 경이로움에 대한 감각이 풍성해질 수 있도록 도와주자.

● 일정표를 단순화하자

한 친구가 얼마 전 불안 장애가 있어서 치료를 받고 있는 청소년기의 자녀를 둔 가족의 이야기를 들려 주었다. 그 가족은 체조 수업과 축구 교실에 참가하는 시간 사이에 잠시 짬을 내서 상담을 받으러 왔는데 시간이 부족해서 오는 길에 패스트푸드로 저녁을 때웠다고 했다. 하루하루가 멋진 활동과 이벤트로 꽉 차 있었지만 그 때문에 오히려 여유 있게 쉴 수 있는 시간이 전혀 없었다. 그 집 아이의 불안이 지나치게 바쁜 일상으로 인해 시작된 건 아니더라도 바쁜 일정 때문에 아이의 불안이 지속되고 있다는 사실을 파악하는 데는 그리 오랜 시간이 걸리지 않았다. 아이의 일정표가 점점 더 꽉 차면서 정신 건강은 내림세를 그려 왔다고 한다.

대학교들은 꽉 찬 일정이 학생에게 미치는 영향력을 눈치채기 시작했다. 2013년 약 10만 명의 학생을 대상으로 한 미국대학건강협회American College Health Association의 조사에 따르면 절반 이상의 학생이 지치고 우울하며 과도한 불안 증세를 느꼈다고 한다.[16] 의도는 비록 선하지만 '넘치는 활동'은 실제로 아이들에게 악영향을 끼치고 있었다.

아이(그리고 우리 모두)는 활동의 균형을 맞추고, 자신을 알아가고, 마음의 평화를 얻기 위한 자유 시간이 필요하다. 역할극에 푹 빠진 아이의 모습을 상상해 보라. 아이가 놀이에 온전히 집중하면 주변 세상은 사라진다. 역할극은 아이가 할 수 있는 가장 중요한 활동 중 하나다. 자신의 세상과 감정을 다루고 상처를 치유하며 스스로의 시간과 속도에 맞게 창의력을 발휘하기 때문이다. 이런 활동이 없으면 아이는 크나큰 불안을 느끼고 긴장을 풀거나

---

16) 《헬리콥터 부모가 자녀를 망친다》, 줄리 리스콧 헤임스Julie Lythcott-Haims, 두레, 2017(원제: 《How to Raise an Adult: Break Free of the Overparenting Trap and Prepare Your Kid for Success》, 2015)

쉽게 잠들지 못한다. [17]

부모인 우리는 아이의 불안감이나 긴장을 마음대로 할 수 없고, 아이의 창의성을 '풍성하게 만드는 강의'를 들을 수도 없다. 할 수 있는 일은 아이가 (안전하고) 자유롭게 놀 시간과 여유를 주고 휴식 시간이 아이의 창의성 계발과 정체성 발견에 꼭 필요하다는 사실을 믿는 일뿐이다. 각종 활동으로 꽉 찬 바쁜 일정표는 이런 여유를 허락하지 않는다. 스트레스만 유발할 뿐이다.

부모가 너무 여유롭고 체계 없는 놀이 시간을 주면 아이가 지루해할까 걱정하는 사람도 있을 것이다. 그럴 수도 있다. 하지만 아이들에게는 지루하다고 느끼는 시간 역시 도움이 된다. 《MOM 맘이 편해졌습니다》의 저자이자 교육 전문가인 킴 페인은 지루함은 '선물'이며 창의력의 근원이라고 표현했다. 나도 딸들을 키우면서 이 말이 옳다는 사실을 확인하고 또 확인할 수 있었다. 딸들이 어릴 때 남편과 나는 자유로운 놀이 시간을 많이 주었다. 아이들은 다양한 콩트를 만들고, 요새를 짓고, 그림을 그리고, 인형극을 만들었으며, 봉제 인형을 위한 정교한 세상을 완성했다.

아이가 지루하다고 불평하면 어떻게 해야 할까? 그럴 때 나는

---

17) 《아직도 내 아이를 모른다》, 대니얼 J. 시겔, 티나 페인 브라이슨, 알에이치코리아(RHK), 2020(원제:《The Whole-Brain Child》, 2011)

"할 수 있는 일은 바로 코앞에 있다."라는 킴 페인의 말을 전하고 싶다. 아이를 지루함에서 구출하려고 하거나 재미를 주려고 하지 말자. 아이는 스스로 무언가를 찾을 것이다.

주변의 아이들이 축구 교실, 체조 수업을 오고 가느라 바쁜데, 우리 아이에게 자유 시간을 허락하겠다고 단순한 일정표를 유지하는 것이 아이를 뒤처지게 하지 않을까 걱정하는 부모도 있을 것이다. 걱정하지 않아도 된다. 아무런 지시도 목적도 없는 자유로운 놀이 시간은 아이의 발달에 엄청나게 중요하다.

6,000명이 넘는 환자의 '놀이 기록'을 조사한 정신과 의사이자 임상 연구원 스튜어트 브라운Stuart Brown은 어린 시절부터 성인이 될 때까지 겪은 놀이 행동과 행복의 직접적 연관관계를 발견했다. 놀이 시간이 부족한 아이는 감정 조절에 어려움을 겪었고 회복력과 호기심이 부족했다. 이 아이들은 융통성도 부족했고 공격적인 성향이 컸다. [18]

브라운 박사는 텍사스 교도소에 수용된 살인자 그룹을 조사한 결과, 그들 중 단 한 명도 평범한 신체 놀이를 해 본 적이 없다는 사실을 발견했다. 폭력적이고 반사회적인 범죄자들은 어린 시절의 놀이에서 무언가 배울 기회를 얻지 못했던 것이다. 아이는 자

---

18) 〈개인의 이력과 뇌 이미지를 통한 놀이의 중요성Discovering the Importance of Play Through Personal Histories and Brain Images〉. Stuart Brown. 2009

유로운 놀이를 통해 인간에게 꼭 필요한 요소인 행동 조절을 배우고 자기 통제력을 발전시킨다.

따라서 여가 시간을 축소하는 건 아이들에게 매우 해롭다. 우리는 이렇게 바쁘게 돌아가는 흐름에 맞서 자유 시간을 되찾아야 한다. 아이를 다양한 활동에 참여시키고 있는가? 한 활동에서 다른 활동으로 옮겨 가느라 서두르는가? 일정을 단순하게 정리해서 아이의 자유 시간을 보호해 주자. 아이가 모든 생일 파티나 친구네 행사에 참여하지 않아도 된다. 오늘도 삶에는 수많은 일이 일어나고 있으며, 우리의 할 일은 모든 행사를 일일이 찾아다니는 게 아니라 잘 관리하는 일이다. 아이가 놀고, 공상에 잠길 수 있도록 매일 자유 시간을 허락하자. 부모도 하루를 바쁘게 보냈다면 여유 있는 시간을 통해 균형을 맞추자. 아이의 일정표를 단순하게 조절하는 일은 평생 지속될 진정한 성장기라는 선물을 안겨주는 것과 같다.

● 환경을 단순화하자

우리의 삶은 행사뿐 아니라 물건으로도 가득 차 있다. 아이를 임신한 순간부터 주변 사람들은 필수 아이템들을 끝없이 선물한다. 결국 아이의 방은 장난감으로 넘쳐나고, 서랍은 꽉 차 있으며,

벽은 포스터가 빼곡이 붙어 있고, 옷장에는 옷이 가득하며, 바닥에도 형형색색의 물건이 겹겹이 쌓여 있다.

《MOM 맘이 편해졌습니다》에서 킴 페인은 이런 넘쳐나는 물건과 놀이 도구들은 과잉의 징후일 뿐 아니라 아이에게 스트레스, 분열, 과부하를 유발하는 원인이 된다고 설명한다. 또한 우리의 소비 문화는 아이들에게 특권의식을 심어 준다고 지적했다. 사람들이 소비 문화에 익숙해진 나머지 감정적으로 만족하고 지탱하기 위해 사람이 아니라 물건에 의지하는 잘못된 성향을 지니게 된다고 설명한다.

수북하게 쌓인 장난감을 상상해 보자. 아이는 선택의 여지가 너무 많은 장난감 앞에서 막막함을 느낀다. 아이는 장난감 안에 무엇이 존재하는지 모르고, 어떤 것에도 높은 가치를 부여하지 않는다. 과도한 선택에 부딪히면 아이는 놀이 도구를 과소평가하며 더 많이 요구해야겠다는 생각을 한다. 게다가 정리하는 일 역시 엄청난 시련이 되고 만다. 우리는 너그러운 부모가 되기 위해 많은 물건을 주며 아이의 상상력을 자극하려고 하지만 아이는 지나치게 많은 물건에 치이고 마는 것이다.

딸이 두 살이었을 때 나는 점점 높이 쌓여 가는 물건이 우리집을 압도하기 시작했다는 사실을 깨달았다. 물건을 버리면서 약간은 걱정이 되었지만 아이에게 단순한 환경을 제공하기 위해 과감히 물건을 정리하기로 결심했다. 아이가 유치원에 가 있는 동안 나는 장난감을 대부분 버리고 여유 있는 공간을 남겨 두었다. 유치원에서 돌아왔을 때 딸의 반응이 어떨지 긴장되었다. 아이가 장난감을 전부 되돌려 달라고 생떼를 부릴까 봐 걱정이 이만저만이 아니었다. 하지만 놀랍게도 아이는 새로워진 방에 만족했다. 방을 예쁘게 정리해 줘서 고맙다고 말하고는 곧바로 신 나게 노는 것이 아니겠는가.

아이들은 물건이 적은 방에서 일종의 안정감을 느낀다. 정리된 방은 아이의 감각을 진정시키고, 행동 문제를 바로잡는 데 도움이 되기도 한다. 단순하게 정리된 방에서는 어수선함이 줄어들고 숨쉴 여유가 늘어난다. 아이는 자신의 물건에 더 감사한 마음을 갖는다. 물건의 수가 적다는 말은 책임의 부담이 줄어든다는 말과 같다. 즉, 관리하고 유지하며 물건을 찾거나 보관하는 수고를 더는 대신 정말 중요한 일에 쏟을 시간이 더 늘어난다는 의미다.

그러면 어떻게 해야 환경을 단순화할 수 있을까? 우선 장난감 정리부터 추천하고 싶다. 아이가 집을 비우는 시간을 선택하자. 장난감을 모두 한곳에 모은 다음 과감히 정리한다. 필요 없는 장난감은 버리고 애매한 물건은 정리해 두자. 몇 주간 창고나 지하실에 두고 특별히 아이가 찾는 물건이 있으면 다시 건넨다. 킴 페인은 버려야 할 장난감의 목록을 다음과 같이 구분했다.

- 망가진 장난감
- 아이의 발달 과정에 적절하지 못한 장난감: 너무 오래되거나 아이 나이에 맞지 않는 장난감
- 영화 속 캐릭터 장난감
- 너무 지나친 기능을 가졌거나 쉽게 부서지는 장난감
- 자극성이 높은 장난감
- 성가시거나 불쾌한 장난감
- 어쩔 수 없이 사 준 장난감
- 여러 개의 똑같은 장난감

그렇다면 남겨 두어야 할 장난감은 어떤 것일까? 역할극이나 창의력에 도움이 되는 도구, 인형, 꼭두각시, 악기 등은 남겨 두자. 아이에게 장난감으로 스카프를 주는 엄마들을 이상하다고 생각했던 적이 있었지만 알고 보니 스카프는 훌륭한 장난감이었다. 스카프는 다양한 방식의 옷차림을 연출할 수 있고, 구조물이 될 수도 있으며, 심지어 극장의 커튼이 되기도 한다.

아이가 다양한 상상력을 부여할 수 있는 장난감은 남겨 두자. 아이가 스스로 5분 만에 정리할 수 있을 만큼의 장난감만 남겨서 재미있게 배치해 두자. 장소를 이리저리 옮겨서 아이가 새로운 공간이라고 느낄 수 있게 하자.

장난감을 정리하고 나면 아이의 삶을 구성하는 다른 공간으로

시선을 돌릴 차례다. 아침에 아이가 더 쉽게 나갈 준비를 마칠 수 있도록 옷장에서 옷가지의 수를 줄여 보는 방법도 괜찮다. 자유로움과 편안함을 위해 집 안 다른 공간에서 지나치다 싶은 부분을 정리해도 좋다. 우리는 아이에게 모범을 보이는 존재라는 사실을 꼭 기억하자. 물건이 적다는 말은 물건 관리에 투자할 시간이 줄어든다는 뜻이며 중요한 일에 더 집중할 수 있다는 뜻이다.

● 영상을 단순화하자

아이들은 우리가 자랐을 때와는 완전히 다른 세상에서 자라고 있다. 지금은 포털 사이트를 통해 온갖 종류의 정보를 수집하고, 무수히 많은 영상물에 지갑이 털린다. 우리가 영상에 쉽게 빠지는 것처럼 아이들도 영상에 넋을 잃고 빠져든다. 아이가 현실에 뿌리를 두고 제대로 자라게 하려면 영상을 보는 시간에 제한을 두어야 한다.

나는 여러분이 아이의 영상 시청 시간을 관리할 때 무제한 시청이나 전면 금지 대신 중도의 입장에 서길 바란다. 즉, 영상물이 흔한 세상에서 사려 깊게 사는 법을 가르치자는 말이다. 디지털 기술은 창의력, 문제 해결 및 학습에 관련된 엄청난 기회를 제공한다. 내 딸은 게임을 코드화하는 법을 배우면서 무척이나 기뼈했고 나도 그 모습을 보면서 흐뭇했었다. 하지만 디지털 세계에는 지나치게 성적이고 폭력적인 내용의 영상들이 있고, 영상을 보는 시간은 실제 세상과 소통하는 시간을 앗아간다. 2016년 미국소아과의사협회The American College of Pediatricians는 영상물을 보는 시간이 지나치게 긴 사람은 비만, 수면 부족, 우울, 불안에 취약하다고 경고했다. 분명 디지털 기술은 삶에 엄청난 영향을 주지만 어떻게 해야 건전한 한계를 설정할 수 있는지에 대한 고민도 안겨 준다.

먼저 부모 스스로와 미디어의 관계를 살펴보자. TV 시청이나 온라인 게임을 즐기는가? 쉴 새 없이 휴대폰을 확인하는가? 운전하면서 휴대폰을 사용하는가? 영상을 보는 시간을 제한하는가? 아이는 부모가 어떻게 사는지 보고 배운다. '내 아이의 건강을 지킬 방법은 무엇인가?'라고 질문할 때 먼저 자신이 미디어를 이용하는 데에 어떤 변화를 줘야 하는지 들여다봐야 한다. 부모는 아이에게 미디어와 조화를 이루며 살아가는 모범을 보여 주는 사람이라고 생각하자.

어떤 유형의 제한이 아이에게 좋을까? 아이가 아주 어릴 때는 영상을 아예 안 보는 것이 가장 이상적이다. 아이가 두 살이 넘으면 조금씩 영상을 보여 주는 것도 좋다. 그러나 내용을 매우 신중하게 선택하고 시청 시간에도 제한을 두도록 하자. 아이가 조금 더 자라면 영상을 보는 시간에 대해 아이와 직접 의견을 나눈다.

건전한 한계를 설정하기 위해 윈윈 문제 해결법을 이용해도 좋다. 영상물 시청 시간을 아이의 호기심을 풀어내는 발전적인 대화의 주제로 여기자.

영상 시청 시간에 관한 조언

· 기기에 암호를 걸어서 아이가 잠금을 해제할 때는 부모에게 요청하도록 만든다.

· 폭력적·선정적 영상을 거르고 차단할 수 있도록 보호자 관리 기능을 설정한다.

· 영상물 시청 시간을 제한한다.

· 가족이 함께 모이는 공간에는 디지털 기기나 영상물을 두지 않는다. 거실처럼 열린 공간에서 휴대폰을 충전한다.

· 잠자리에 들기 전 아이가 영상물을 30분 이상 시청하지 않도록 한다. 기기에서 나오는 불빛이 아이의 수면을 방해할 수 있다.

· 대기하는 시간이나 차로 이동하는 동안에는 되도록 부모의 휴대폰을 아이에게 주지 않는다.

· 매주 (혹은 하루 중 일정 시간) '디지털 디톡스 데이digital detox day'를 갖는다. 우리집에서 일요일은 '스크린 프리 데이screen-free day'다.

· 영상물을 시청하기 전에 맡은 일이나 숙제처럼 할 일을 다 했는지 확인한다.

· 저녁 식사 시간에는 가족 중 누구도 휴대폰을 사용하지 않는다.

· 영상을 시청하기 전에는 신선한 공기를 마시거나 운동을 하도록 권한다.

· 휴대폰을 주는 시기를 최대한 미룬다. '중학교 2학년까지 기다리기'와 같은 공약을 세워서 휴대폰을 사 달라는 아이의 요구에 저항할 명분을 갖는다.

영상을 시청하는 대신 장난감을 가지고 놀거나 그림을 그리거나 책을 읽거나 집안일을 돕게 하자. 오디오북이나 팟캐스트는 영상물 시청을 대체할 멋진 대안이 될 수 있다. 또한 아이가 때때로 지루한 시간을 보내는 것도 괜찮으며 심지어 아무것도 안 하는 시간이 이롭기도 하다는 점을 기억하자. 하지만 반드시 대화를 나누어야 한다.

나는 딸이 지적할 때까지 모르고 있었는데, 휴대폰을 알람 시계용으로 내 방에 보관했었다. 우리집에서는 방에 디지털 기기를 보관하지 않기로 서로 약속한 상태였다. 그 뒤로 나는 휴대폰을 가족이 함께 쓰는 공간에 보관하고 알람 시계를 샀다. 아이가 실천하길 원하는 미디어 이용 습관을 부모가 모범적으로 보여 주어야 한다. 건전한 경계를 두면 부모는 디지털 기술과 조화로운 관계를 유지하는 모습을 아이에게 직접 보여 줄 수 있다.

가정 환경은 아이와의 관계에서 현실에 뿌리를 내리고 원활하게 의사소통하는 부모의 능력에 엄청난 영향력을 발휘한다. 어수선함과 분주함에 압도되기보다 느림과 단순함을 삶에 도입하자. 스트레스와 어수선함을 줄이면 명상이 더 쉬워지고 삶에 사려 깊은 자세와 공감을 가져올 수 있다. 또한 아이와 사랑이 넘치는 관계를 맺는 법을 기억하기가 더 쉬워진다.

사려 깊은 삶으로 옮겨 가기

아이와 서로 협력하는 관계로 변하는 데에 유일한 방법은 존재하지 않는다. 이 책에서 배운 도구와 연습을 조금씩 변화를 만드는 지침으로 생각하자. 상황의 변화는 부모가 얼마나 차분한지, 무슨 말을 하는지, 삶이 어수선한지 아닌지에 달린 게 아니라 모든 요소가 다 함께 복합적으로 융합되어 영향력을 발휘한다. 모든 일은 부모가 통제할 수 있는 유일한 대상, 바로 부모 자신에게서 시작된다.

육아에 대한 좌절감을 받아들이고 그 좌절감을 선생님으로 대하는 방법도 좋다. 실수를 자극제로 받아들이자. 나는 초보 엄마로 고군분투하면서 좌절감에 이성을 잃고 거실 바닥에 쓰러져 눈물을 흘리던 때와 비교하면, 긍정적이고 사랑이 넘치며 (완벽하지는 않지만) 아이들과 사람 대 사람의 관계를 맺고 있는 지금의 내가 너무나 만족스럽다. 지난날의 힘겨웠던 경험들이 무엇을 배워야 하는지 가르쳐 주었다. 육아 초보 시절에 겪었던 고난은 이 책에서 공유한 실용적인 기술을 익히고 내 가족의 삶을 바꿔 준 동기가 되었다.

이 길을 따르는 과정에서 기억해야 할 점은 완벽은 없다는 점이다. 피할 수 없는 인간적인 실수를 받아들이고 수용하는 태도는 부모 자신과 아이의 공통된 인간성을 인정할 수 있게 한다. 소리를 치더라도 자책하지 말자. 나도 때로는 소리를 친다. 오히려 새로운 시작을 연습하고, 망했다고 생각될 때 무엇을 해야 하는지 아이에게 모범을 보여 줄 기회로 받아들이자. 이 길을 따라 가면서 완벽함이 아니라 나아감을 생각하자.

팟캐스트 〈사려 깊은 엄마〉를 진행하면서 나는 전문가들에게 "아이들에게 필요한 게 뭘까요?"라는 질문을 던졌다. 가장 기억에 남는 답변은 '아이가 좋은 날을 보냈든 힘겨운 날을 보냈든 아이를 사랑하는 태도, 즉 조건 없는 사랑'이라는 답변이었다. 아이가 조건 없는 사랑을 느끼면서 자랄 수 있다면 정서적으로 건강한 어른이 되기 위한 최고의 기반을 만들어 줄 수 있다. 이 기반은 아이가 튼튼하게 뿌리를 내리고 인생의 모든 고난을 헤쳐 나갈 수 있도록 지탱해 주는 힘이 된다.

조건 없는 사랑을 어떻게 줄 수 있을까? 부모 스스로가 자신을 사랑하고 받아들이는 태도에서 조건 없는 사랑이 시작된다. 주기적으로 명상을 하고 사랑과 친절을 연습하면 우리 모두 할 수 있다. 함께 계속해 나가자.

또한 우리의 오랜 습관은 익숙하면서 강력하다는 사실도 기억하자. 마음챙김을 일상에 도입하고 공감 어린 태도로 노련하게 반응하는 법을 배우려면 부지런히 연습해야 한다. 시간이 걸리겠지만 절대 포기하지 말자! 이 새로운 언어를 꾸준히 배우고 익히자. (기존의 방식을 고수하는 부모에게는 양육이 점점 더 힘들어지겠지만) 노력한다면 아이가 자라면서 양육은 점점 더 쉬워질 것이다. 이는 아이와 단단하고 평생 지속될 관계를 맺는 일은 장기적인 관점에서 봐야 한다는 의미기도 하다.

아이를 좋은 사람으로 기르겠다는 노력은 우리 가족뿐 아니라 공동체나 다음 세대에게도 긍정적인 영향을 미칠 것이다. 부모가 자신을 보고, 듣고, 사랑하고 있다고 느끼며 자라는 아이는 사회적 선을 실현하는 강력한 힘을 가진 존재로 자랄 것이다. 다른 사람의 니즈를 충족시키는 방식으로 문제를 해결하는 방법을 아는 아이는 인간으로서 우리가 상호작용하는 방식을 발전시킬 것이다.

우리의 노력은 크나큰 파장을 불러일으킬 것이다. 하지만 무엇보다도 우리는 평생토록 지속될 사랑 넘치는 관계를 맺을 것이다. 이 노력은 우리에게 가장 중요한 사람인 우리 아이들의 세상에 차이를 만들어 낼 수 있다.

이번 주부터 꾸준히 실천해야 할 일 ·:·

✓ 5분에서 10분, 좌식 명상 혹은 바디 스캔 명상하기

✓ 사랑과 친절 실천하기

✓ 특별한 시간 갖기

✓ 일상의 리듬 만들기

✓ 집안에서 여유 공간 만들기

감사의 말

책을 쓰는 일은 외롭게 느껴질 수 있지만 수많은 사람이 이 책을 쓰는 동안 도움을 주었다. 먼저 내 첫 번째 편집자로, 책을 쓰는 내내 변함없는 지지자가 되어 준 남편 빌에게 감사의 말을 전하고 싶다. 나를 믿어 줘서 정말 고마워.

그리고 우리 가족들에게도 인사하고 싶다. 엄마, 격려와 사랑 감사합니다. 그리고 열린 마음으로 호기심을 갖고 공감하는 마음으로 자녀를 대하는 엄마로서 모범이 되어 주어서 감사합니다.

내게 웃음을 안겨 준 자레드에게도 고맙다는 말을 전한다.

아빠에게도 깊은 감사를 전한다. 아빠와 제가 가진 기질이 세상의 선을 위한 촉매가 되길 바랍니다. 성장기 내내 열정을 다해 격려해 주고 항상 저를 믿어 주어서 감사합니다.

카를라 나움부르크, 나의 좋은 친구이자 동료가 되어 줘서 정말 고마워. 당신이 없었으면 이 책을 쓸 수 없었을 거야. 당신의 너그러움과 지혜는 내 삶에 엄청난 변화를 만들었어.

<사려 깊은 양육> 교실의 학생들에게 솔직하게 사연을 공유해 주고, 진실한 자세로 애써 주며, 삶에 적용해 줘서 감사하다고 말하고 싶다.

편집자에게도 내 글이 성장할 수 있도록 이끌어 줘서 감사하다는 인사를 전한다.

그리고 친구들에게 감사의 말을 전하지 않고는 이 페이지를 마무리할 수 없을 것 같다. 안아 주고 따뜻하게 대해 주고 현명한 조언을 아끼지 않은 모든 친구에게 감사의 인사를 보낸다. 마가렛 윈즐로, 지니 스티스-마휘니, 사라 안드루스, 카리 곰리, 알라나 타란토, 케이트 카스트로, 제니퍼 컬리, 클레어 콘사바주, 린지 믹스, 리사 설브룩, 안드레아 자타랭, 애니 구슈, 아리엘 그루스비츠, 주디 모리스, 헤더 투핀, 아만다 보스틱, 키아라 벡, 미건 버거론, 요시에 마시에게 감사를 전한다.

마지막으로 선생님들께도 깊은 감사의 인사를 전하고 싶다. 틱낫한, 타라 브랙, 케이시 아담스와 토드 아담스, 잭 콘스필드, 댄 시겔과 메리 하트젤에게 감사의 마음을 보낸다. 이들의 지혜와 지도가 없었다면 이 책은 세상의 빛을 보지 못했을 것이다. 내 안의 잠재력을 자극하도록 의견을 나눠 주고 도와줘서 감사한 마음이다.

참고자료

《아이들이 배우길 원하는 삶을 살기Living What You Want Your Kids To Learn》, 캐시 아담스Cathy Adams, 2014

《마음챙김 양육: 정신 건강 실천가를 위한 지침서Mindful Parenting: A Guide for Mental Health Practitioners》, 캐슬린 레스티포Kathleen Restifo, 수전 뵈겔스Susan Bögels, 2014

《받아들임: 지금 이 순간 있는 그대로Radical Acceptance》, 타라 브랙Tara Brach, 2003

《대담하게 맞서기》, 브렌 브라운Brené Brown, 명진출판, 2013(원제: 《Daring Greatly》, 2012)

《아이와 통하는 부모는 노는 방법이 다르다》, 로렌스 J. 코헨Lawrence J. Cohen, 양철북, 2011(원제: 《Playful Parenting》, 2011)

《의도의 힘》, 웨인 다이어Wayne Dyer, 21세기북스, 2008(원제: 《The Power of Intention》, 2004)

《부모 역할 훈련》, 토마스 고든Thomas Gordon, 양철북, 2021(원제: 《Parent Effectiveness Training》, 1970)

《존 카밧진의 왜 마음챙김 명상인가?》, 존 카밧진Jon Kabat-Zinn, 불광출판사, 2019(원제: 《Wherever You Go, There You Are》, 1994)

《마음챙김 명상과 자기 치유》, 존 카밧진Jon Kabat-Zinn, 학지사, 2017(원제: 《Full Catastrophe Living》, 2013)

《당신이 모르는 마음챙김 명상》, 존 카밧진Jon Kabat-Zinn, 학지사, 2022(원제: 《Meditation Is Not What You Think》, 2018)

《나쁜 행동에 관한 좋은 소식The Good News About Bad Behavior》, 캐서린 레이놀즈 루이스 Katherine Reynolds Lewis, 2018

《헬리콥터 부모가 자녀를 망친다》, 줄리 리스콧 헤임스Julie Lythcott-Haims, 두레, 2017(원제: 《How to Raise an Adult》, 2015)

《부모 멘탈 수업》, 로라 마컴Laura Markham, 예담friend, 2017(원제: 《Peaceful Parent, Happy Siblings》, 2015)

《덜 소리치고 더 사랑하라Yell Less Love More》, 셰일라 매크레이스Sheila McCraith, 2014

《러브 유어셀프》, 크리스틴 네프Kristin Neff, 이너북스, 2019(원제: 《Self-Compassion》, 2011)

《죽음도 없이 두려움도 없이》, 틱낫한Thich Nhat Hanh, 나무심는사람, 2003(원제: 《No Death, No Fear》, 2003)

《틱낫한 명상》, 틱낫한Thich Nhat Hanh, 불광출판사, 2013(원제: 《The Miracle of Mindfulness》, 1975)

《MOM 맘이 편해졌습니다》, 킴 존 페인Kim John Payne, 골든어페어, 2020(원제: 《Simplicity Parenting》, 2009)

《진정한 행복Real Happiness》, 샤론 잘츠베르크Sharon Salzberg, 2011

《신중한 규율Mindful Discipline》, 샤우나 샤피로Shauna Shapiro, 크리스 화이트Chris White, 2014

《뒤집어본 육아Parenting from the Inside Out》 대니얼 J. 시겔Daniel J. Siegel, 메리 하트젤Mary Hartzell, 2014

《아직도 내 아이를 모른다》, 대니얼 J. 시겔Daniel J. Siegel, 티나 페인 브라이슨Tina Payne Bryson, 알에이치코리아(RHK), 2020(원제: 《The Whole-Brain Child》, 2011)

《마음챙김과 비폭력 대화》, 오렌 제이 소퍼Oren Jay Sofer, 불광출판사, 2019(원제: 《Say What You Mean》, 2018)

《어린이, 가족, 그리고 외부세계The Child, the Family, and the Outside World》, D. W. 위니콧D. W. Winnicott, 1973

〈미디어 사용과 영상물 시청이 어린이, 청소년, 가족에 미치는 영향The Impact of Media Use and Screen Time on Children, Adolescents, and Families〉, 전미 소아과 의사 협회American College of Pediatricians, 2016.

〈개인의 이력과 뇌 이미지를 통한 놀이의 중요성Discovering the Importance of Play Through Personal Histories and Brain Images〉, 스튜어트 브라운Stuart Brown, 2009. 미국 저널 오브 플레이American Journal of Play

〈마음챙김 명상이 불안과 정신적 스트레스를 완화할 수 있다Mindfulness Meditation May Ease Anxiety, Mental Stress〉, 줄리 콜리스Julie Corliss, 2014. 하버드 보건 블로그Harvard Health Blog.

〈내면의 격렬한 분노 길들이기Taming the Raging Fire Within〉, 마가렛 컬런Margaret Cullen, 곤잘로 브리토 폰즈Gonzalo Brito Pons, 2016

〈마음챙김 명상에 따른 뇌와 면역 기능의 변화Alterations in Brain and Immune Function Produced by Mindfulness Meditation〉, 리처드 데이비드슨Richard J. Davidson, 존 카밧진Jon Kabat-Zinn 외, 2002

〈열린 마음으로 삶을 건설하다: 사랑과 친절의 명상을 통한 긍정적인 감정은 중요한 개인적 자산을 생성한다Open Hearts Build Lives: Positive Emotions, Induced Through Loving-Kindness

Meditation, Build Consequential Personal Resources〉. 바바라 프레드릭슨Barbara L. Fredrickson, 마이클 콘Michael A. Cohn 외. 2008. 성격 및 사회심리학 저널Journal of Personality and Social Psychology

〈부모 규율 관행 국제 표본: 인식된 규범성에 의한 아동 행동과 절제와의 연관성Parent Discipline Practices in an International Sample: Associations with Child Behaviors and Moderation by Perceived Normativeness〉. 엘리자베스 거쇼프Elizabeth T. Gershoff, 앤드루 그로건-케일러 Andrew Grogan-Kaylor 외. 2010. 아동 발달Child Development

〈마음챙김 명상은 두뇌에 어떤 작용을 하는가?What Does Mindfulness Meditation Do to Your Brain?〉. 톰 아일랜드Tom Ireland. 2014. 사이언티픽 아메리칸 블로그Scientific American Blog https://blogs.scientificamerican.com/guest-blog/what-does-mindfulness-meditation-do-to-your-brain

〈동기를 부여하는 자기 연민의 힘The Motivational Power of Self-Compassion〉. 크리스틴 네프Kristin Neff. 허핑턴 포스트Huffington Post. 2011년 7월 29일
https://www.huffpost.com/entry/self-compassion_n_865912

〈거부하면 더 많이 얻게 된다. 왜일까?You Only Get More of What You Resist—Why?〉. 레온 셀처 Leon Seltzer. 사이콜로지 투데이Psychology Today. 2016년 6월 15일
https://www.psychologytoday.com/us/blog/evolution-the-self/201606/you-only-get-more-what-you-resist-why

〈아버지와 어머니의 가혹한 언어훈련과 청소년의 행동 문제와 우울 증상의 종적 연관성Longitudinal Links Between Fathers' and Mothers' Harsh Verbal Discipline and Adolescents' Conduct Problems and Depressive Symptoms〉. 밍더 왕Ming-Te Wang, 사라 케니Sarah Kenny. 2013
https://doi.org/10.1111/cdev.12143

〈공감의 개념 분석A Concept Analysis of Empathy〉. 테레사 와이즈먼Theresa Wiseman. 1996. 전문 간호 저널Journal of Advanced Nursing

팟캐스트 〈사려 깊은 엄마〉. '행복의 과학The Science of Wellbeing'. 대니얼 J. 시겔Daniel J. Siegel. 2018년 10월 30일
https://www.mindfulmamamentor.com/blog/the-science-of-presence-dr-dan-siegel-139/

팟캐스트 〈사려 깊은 엄마〉. '세드릭 베르텔리와 함께 치유의 초능력에 불을 켜세요Turn on Your Healing Superpower with Cedric Bertelli'. 세드릭 베르텔리Cedric Bertelli. 2018년 9월 18일
https://www.mindfulmamamentor.com/blog/turn-on-your-healing-superpower-cedric-bertolli-133/

부모의 감정과 내면을 돌보는 감정회복 육아 심리학

이성을 잃지 않고 아이를 대하는
마음챙김 육아

초판 1쇄 발행 2023년 4월 17일
초판 2쇄 발행 2023년 5월 15일

지은이 헌터 클라크 필즈
옮긴이 김경애

대표 장선희 **총괄** 이영철
책임편집 한이슬 **교정교열** 김보란
기획편집 현미나, 정시아
책임디자인 김효숙 **디자인** 최아영
마케팅 최의범, 임지윤, 김현진, 이동희
경영관리 이지현

펴낸곳 서사원 **출판등록** 제2021-000194호
주소 서울시 영등포구 당산로 54길 11 상가 301호
전화 02-898-8778 **팩스** 02-6008-1673
이메일 cr@seosawon.com
네이버 포스트 post. naver. com/seosawon
페이스북 www. facebook. com/seosawon
인스타그램 www. instagram. com/seosawon

ⓒ 헌터 클라크 필즈

ISBN 979-11-6822-170-3   03590

• 이 책은 저작권법에 따라 보호를 받는 저작물이므로 무단 전재와 무단 복제를 금지합니다.
• 이 책 내용의 전부 또는 일부를 이용하려면 반드시 저작권자와 서사원 주식회사의 서면 동의를 받아야 합니다.
• 잘못된 책은 구입하신 서점에서 바꿔드립니다.
• 책값은 뒤표지에 있습니다.

서사원은 독자 여러분의 책에 관한 아이디어와 원고 투고를 설레는 마음으로 기다리고 있습니다.
책으로 엮기를 원하는 아이디어가 있는 분은 이메일 cr@seosawon.com으로 간단한 개요와 취지,
연락처 등을 보내주세요. 고민을 멈추고 실행해 보세요. 꿈이 이루어집니다.